网络数据库设计
与管理项目化教程

主 编：李明仑　张洪明

副主编：孙凤美　陈　哲　李利萍　鞠明光

科学技术文献出版社
SCIENTIFIC AND TECHNICAL DOCUMENTATION PRESS
·北京·

图书在版编目（CIP）数据

网络数据库设计与管理项目化教程 / 李明仑，张洪明主编. —北京：科学技术
文献出版社，2015.9（2017.3重印）
ISBN 978-7-5189-0603-1

Ⅰ.①网…　Ⅱ.①李…　②张…　Ⅲ.①关系数据库系统—教材　Ⅳ.① TP311.138

中国版本图书馆 CIP 数据核字（2015）第 189493 号

网络数据库设计与管理项目化教程

策划编辑：崔灵菲　　责任编辑：王瑞瑞　　责任校对：赵　瑗　　责任出版：张志平

出 版 者	科学技术文献出版社
地 址	北京市复兴路15号　邮编　100038
编 务 部	（010）58882938，58882087（传真）
发 行 部	（010）58882868，58882874（传真）
邮 购 部	（010）58882873
官方网址	www.stdp.com.cn
发 行 者	科学技术文献出版社发行　全国各地新华书店经销
印 刷 者	虎彩印艺股份有限公司
版 次	2015 年 9 月第 1 版　2017 年 3 月第 2 次印刷
开 本	787×1092　1/16
字 数	321千
印 张	16.5
书 号	ISBN 978-7-5189-0603-1
定 价	42.00元

前　言

为适应高职院校计算机类人才培养的发展需要，配合高职教育教学改革及专业调整方案，在结合高职教材项目驱动任务模式建设目标的情况下，编写了本教材。

本教材的编写，以任务驱动案例教学为核心，以项目开发为主线，在研究分析国内外先进职业教育的培训模式、教学方法和特色教材的基础上，吸收消化了优秀教材的编写经验和成果。本教材以培养高素质技能型人才为目标，以企业对人才的岗位技能需求为依据，把软件工程和项目管理的思想完全融入教材体系，将基本技能培养和主流技术相结合。教材中内容设置重点突出、主辅分明、结构合理、衔接紧凑。教材侧重培养学生的实践操作能力，学、思、练相结合，旨在通过项目实践，增强学生的职业能力，使知识从书本中释放并转化为专业技能。

全书分为入门知识篇及综合应用篇，共 10 个项目。项目一以学生管理信息系统为例，系统讲解了数据库关系规范化、数据库应用系统的设计方法；项目二介绍了 SQL Server 数据库的创建、管理；项目三介绍了表的创建、管理及应用；项目四是使用查询实现对数据的检索和管理；项目五是创建并使用视图；项目六阐述了 T-SQL 程序设计；项目七介绍了数据库备份与还原；项目八介绍了数据库事务处理；项目九是采用面向对象的方法对学生管理信息系统进行分析、设计；项目十讲述了网上火车订票系统从分析到设计的全过程。本课程建议参考教学时数为 64 ~ 80 学时，其中理论授课为 32 学时，实训为 32 ~ 48 学时。

本书以"学生管理信息系统"项目为主线，根据 SQL Server 数据库技术的知识点，将"学生管理信息系统"项目分成不同的任务，每个任务相对独立，教学活动的过程是完成每一个任务的过程。完成了"学生管理信息系统"的项目设计与实现，也就完成了本课程的学习，进而可以科学高效地设计并实现其他的数据库应用系统。选择"学生管理信息系统"项目，是因为项目涉及的业务领域和工作任务是学生熟悉、感兴趣的，很容易激发学习热情，同时很快能上手。"学生管理信息系统"是一个浓缩的、贴近学生生活的、容易理解和掌握的、完整的数据库系统，包括学生基本信息管理、成绩管理、学籍管理、学生奖励与处罚管理等。同时该系统集数据库技术于一身，如 E-R 图、创建表与视图、约束与索引、存储过程与触发器、数据管理和编程接口等，"学生管理信息系统"项目所分解的子任务涉及本课程几乎所有知识点，随着项目逐步展开，学生以子任务为动力，积极参与分析、设计及改进数据库的应用。经过前后几次迭代，"学生管理信息系统"项目完成，学生也就完成了对本课程的技术技能学习到应用开发的全过程。

本书每个项目开始附有项目任务的引导文，每个项目末尾附有上机实践、疑难解答及课后习题，供学生及时消化对应任务内容之用。

本书由多所院校的教师联合编写，同时潍坊北上信息科技有限公司项目经理鞠明光参与了项目设计及系统设计的全过程，并审校了本书的技术要点。作者拥有丰富的 SQL Server 设计开发实战经验及教学经验。为了给教师授课提供方便，本书提供了多媒体教学课件及各个项目案例程序的源代码，供教师授课之用。

本书可作为高职学校、成人教育学院 SQL Server 课程的教材，同时也可以供参加自学考试人员、数据库应用系统开发设计人员、工程技术人员及其他相关人员参阅。

限于编者水平，编写过程中难免存在疏漏之处，对于本书的任何问题，欢迎读者与我们联系，帮助我们改正提高。

编　者
2015 年 6 月

目录 Contents

第一篇 入门知识

第二篇　综合应用

第一篇 入门知识

项目一

数据库系统设计

数据库设计是将现实世界的数据组织成数据库管理系统所采取的数据模型，是在给定的应用环境中，通过合理的逻辑设计和有效的物理设计，构造较优的数据库模式，建立数据库及其应用系统，满足用户的各种信息需求。数据库设计是数据库应用系统设计的核心阶段，它为代码设计提供了坚实的基础，决定应用软件开发的质量。本次将从软件工程的角度来讨论数据库设计的各个阶段，掌握数据库设计的特点。

项目要点：

- 掌握关系模式规范化的处理方法及模式的分解过程
- 掌握数据库的设计方法
- 利用数据库的设计方法对学生管理信息系统进行分析与设计

▶▶ 任务一　数据库关系规范化

1.1.1　关系数据库模式的设计问题

关系数据库模式设计主要是关系模式的设计，关系模式的设计好坏将直接影响数据库的质量。什么是好的关系模式呢？某些不好的关系模式可能导致哪些问题？下面通过例子对这些问题进行分析。

例如，要设计一个学生—课程数据库，希望从该数据库中经常得到的信息有学生的学号、姓名、性别、年龄、系别、系主任名字、学生选课的课程号、课程名及选修该课的成绩等。

对于此例的要求，某用户设计的关系模式如下：

S（StuNo，Name，Sex，Age，DepartMent，Mn，CourseNo，CourseName，Score）

其中，StuNo 表示学生学号，Name 表示学生的姓名，Sex 表示学生的性别，Age 表示学生的年龄，DepartMent 表示学生所在的系，Mn 表示系主任名字，CourseNo 表示学生选课的课程号，CourseName 表示学生选课的课程名称，Score 表示学生选修该课的成绩。

根据实际情况，这些数据有如下语义规定：

（1）一个系有多名学生，但一名学生只属于一个系；

（2）一个系只有一名系主任，但一名系主任可以同时兼几个系的系主任；

（3）一名学生可以选修多门功课，每门课程可被若干名学生选修；

（4）每名学生学习每门课程只有一个成绩。

在此关系模式下填入一部分具体的数据，则可得到 S 关系模式的实例，即学生—课程数据库表，见表 1-1。

表 1-1　学生—课程数据库表

StuNo	Name	Sex	Age	DepartMent	Mn	CourseNo	CourseName	Score
2007043201	李明	男	20	计算机系	张文清	C1	C 语言	88
2007043201	李明	男	20	计算机系	张文清	C3	市场营销	85
2007043202	徐燕	女	19	会计系	刘伟华	C2	会计电算化	90
2007043203	张兰	女	20	工商系	钟志强	C3	市场营销	87
2007043204	张明	男	22	计算机系	张文清	C1	C 语言	95
2007043205	王燕	女	20	会计系	刘伟华	C2	会计电算化	92

根据上述语义规定分析以上关系中的数据，我们可以看出，（StuNo，CourseNo）属性的组合能唯一标识一个元组（每行中 StuNo 与 CourseNo 的组合均是不同的），所以（StuNo, CourseNo）是该关系模式的主关系键（即主键，又名主码等）。但在进行数据库的操作时，会出现以下几个方面的问题。

（1）数据冗余。每个系名和系主任的名字存储的次数等于该系的所有学生每人选修课程门数的累加和，同时学生的姓名、年龄也都重复存储多次（选几门课就要重复几次），数据的冗余度大，浪费了存储空间。

（2）插入异常。如果某个新系没有招生，尚无学生时，则系名和系主任的信息无法插入到数据库中。因为在这个关系模式中，（StuNo, CourseNo）是主键。根据关系的实体完整性约束，主键的值不能为空，而这时没有学生，StuNo 和 CourseNo 均无值，因此不能进行插入操作。另外，当某个学生尚未选课，即 CourseNo 未知时，实体完整性约束还规定，主键的值不能部分为空，同样也不能进行插入操作（假设他原只选修一门 C1 课程）。

（3）删除异常。当某系学生全部毕业而还没有招生时，要删除全部学生的记录，这时系名、系主任也随之删除，而现实中这个系依然存在，但在数据库中却无法存在该系信息。另外，如果某个学生不再选修 C1 课程，本应该只删除 C1 的选修关系，但 C1 是主键的一部分，为保证实体完整性，必须将整个元组一起删掉，这样，有关该学生的其他信息也随之丢失。

（4）修改异常。如果某学生改名，则该学生的所有记录都要逐一修改 Name 的值；又如某系更换系主任，则属于该系的学生—课程记录都要修改 Mn 的内容，稍有不慎，就有可能漏改某些记录，这就会造成数据不一致性，破坏了数据的完整性。

由于存在以上问题，我们说：S 不是一个好的关系模式。产生上述问题的原因，直观地说，是因为关系中"包罗万象"，内容太杂了。一个好的关系模式是不应该产生如此多的问题的。

那么，怎样才能得到一个好的关系模式呢？我们把关系模式 S 分解为如下四个关系模式：

学生关系 St(StuNo，Name，Sex，Age，DepartMent)

系关系 D(DepartMent，Mn)

选课关系 Sc(StuNo，CourseNo，Score)

课程关系 C(CourseNo，CourseName)

不难看出这四个关系模式基本上具备了好的关系模式的条件，针对表 1-1 的内容，可以分解成四个表内容，见表 1-2 至表 1-5。

表 1-2　学生信息表

StuNo	Name	Sex	Age
2007043201	李明	男	20
2007043202	徐燕	女	19
2007043203	张兰	女	19
2007043204	张明	男	21
2007043205	王燕	女	19

表 1-3　系部表

DepartMent	Mn
计算机系	张文清
会计系	刘伟华
工商系	钟志强

表 1-4 学生选课信息表

StuNo	CourseNo	Score
2007043201	C1	88
2007043202	C2	90
2007043203	C3	87
2007043204	C1	95
2007043205	C2	92

表 1-5 课程信息表

CourseNo	CourseName
C1	C 语言
C3	市场营销
C2	会计电算化

在这四个关系中，实现了信息的某种程度的分离，St 中存储的是学生的基本信息，与所选课程及系主任无关；D 中存储的是系的有关信息，与学生及课程信息无关；Sc 中存储的是学生选课的信息，与学生及系的有关信息无关；C 中存储的是课程的信息，与学生的基本信息及系的信息无关。与 S 相比，分解为四个关系模式后，数据的冗余度明显降低了。当新插入一个系时，只要在关系 D 中添加一条记录即可。当某个学生尚未选课时，只要在关系 St 中添加一条学生记录即可，而与选课关系无关，这就避免了插入异常。当一个系的学生全部毕业时，只需在 St 中删除该系的全部学生记录即可，而不会影响到系的信息，数据冗余很低，也不会引起修改异常。

经过上述分析，我们说分解后的关系模式集是一个好的关系数据库模式。这四个关系模式都不会发生插入异常、删除异常的毛病，数据冗余也得到了尽可能的控制。

但要注意，一个好的关系模式并不是在任何情况下都是最优的，比如查询某个学生选修课程名及所在系的系主任时，要通过连接操作来完成（由上述的四张表连接形成表 1-1），而连接所需要的系统开销非常大，因此要以实际应用系统功能需要为目标进行设计。

我们要设计的关系模式中各属性是相互依赖、相互制约的，关系的内容实际上是这些依赖与制约作用的结果。关系模式的好坏也是由这些依赖与制约作用产生的。为此，在关系模式设计时，我们必须从实际出发，从语义上分析这些属性间的依赖关系，由此来做关系的规范化工作。

一般而言，规范化设计关系模式，是将结构复杂（即依赖与制约关系复杂）的关系分解成结构简单的关系，从而把不好的关系数据库模式转变为较好的数据库关系模式，这就是我们接下来要讨论的内容——关系模式的规范化。

1.1.2 关系模式的规范化

现实世界中的事物是相互联系、相互制约的。这种联系分为两类，一类是实体与实体之间的联系；另一类是实体内部的各属性之间的联系。下面我们讨论属性之间的联系。

（1）属性之间的联系

现实世界中实体的属性也是相互联系的，属性之间的联系分为三大类，即一对一联系、一对多联系和多对多联系。

1）一对一联系

在学生 St(StuNo, Name, Sex, Age, DepartMent) 关系中，由于在一所学校内部，学号 (StuNo) 是唯一的，如果学生中没有重名，学号 (StuNo) 与姓名 (Name) 两个属性之间就是一对一的联系 (1∶1)。这种情况下学号可以确定姓名，姓名也可以确定学号。

设 X、Y 为一个关系中属性或属性组，如果对于 X 中的任一个具体值，Y 中至多有一个值与之对应，并且 Y 中的任一具体值，X 中也至多有一个值与之对应，则称 X、Y 这两个属性之间是一对一联系 (1∶1)。

2）一对多联系

在学生 St(StuNo, Name, Sex, Age, DepartMent) 关系中，一个系有若干名学生，若干名学生都拥有同一个系，而每个学生都有一个唯一的学号，这样我们只要找到一个系，总有多个学号与之对应；而任一名学生的学号总可以找到一个系与之对应。即同一个系，有多个学号与之对应，我们把这种联系称为一对多联系 (1∶m)。

设 X、Y 为一个关系中属性或属性组，为简便起见，我们把它们的所有可能取值组成两个集合，也叫 X、Y。如果 X 中的任一个具体值，至多与 Y 中的一个值与之相对应，而 Y 中的任一个具体值却可以与 X 中的多个值相对应，则称这两个属性间，从 X 到 Y 为多对一的联系 (1∶m)，从 Y 到 X 为一对多的联系 (1∶m)。

3）多对多联系

在选课 Sc(StuNo, CourseNo, Score) 关系中，一名学生可以选修多门课程，而一门课程可以由多名学生同时选修，则学号与课程号之间为多对多联系 (m∶n)。

设 X、Y 为一个关系中属性或属性组，为简便起见，我们把它们的所有可能取值组成两个集合，也叫 X、Y。在 X、Y 两个属性集中，如果一个属性集中的任何一个值都可以至多和另一个属性集中的多个值相对应，反之亦然，则称属性 X 和 Y 是多对多的联系。

显然，这三类联系之间存在着包含关系，一对一联系（1∶1）是一对多联系（1∶m）的特例；一对多联系（1∶m）又是多对多联系（m∶n）的特例。

关系中属性值之间的这种既相互依赖又相互制约的联系称为数据依赖。常用数据依赖主要有两种形式：函数依赖和多值依赖。下面介绍函数依赖。

（2）函数依赖

定义 1.1 设关系模式 R（U，F），U 是属性全集，F 是 U 上的函数依赖集，X 和 Y 是 U 的子集，如果对于 R（U）的任意一个可能的关系 r，对于 X 的每一个具体值，Y 都有唯一的具体值与之对应，则称 X 函数决定 Y 或 Y 函数依赖于 X，记作 X → Y。我们称 X 为决定因素，Y 为依赖因素。当 Y 函数不依赖于 X 时，记作 X ↛ Y，当 X → Y 且 Y → X 时，则记作 X ↔ Y。

对于关系模式 S：

U = {StuNo, Name, Sex, Age, DepartMent, Mn, CourseNo, CourseName, Score}

F={StuNo → Name，StuNo → Age，StuNo → DepartMent，DepartMent → Mn，StuNo → Mn，(StuNo, CourseNo) → Score }

一个 StuNo 有多少个 Score 的值与之对应，因此 Score 不能唯一确定，即 Score 不能函数依赖于 StuNo，所以有 StuNo ↛ Score，同样有 Course No ↛ Score。

但是 Score 可以被 (StuNo, CourseNo) 唯一确定。所以可表示为 (StuNo, CourseNo) → Score。

函数依赖有几点需要说明。

1）平凡的函数依赖与非平凡的函数依赖

当属性集 Y 是属性集 X 的子集时则必然存在着函数依赖 X → Y，这种类型的函数依赖称为平凡的函数依赖。如果属性集 Y 不是属性集 X 的子集，则称 X → Y 为非平凡的函数依赖。我们这里讨论的是非平凡的函数依赖。

2）函数依赖与属性间的联系类型有关

①在一个关系模式中，如果属性 X 与 Y 有一对一（1∶1）的联系时，则存在函数依赖 X → Y，Y → X，即 X ↔ Y。例如当学生没有重名时，StuNo ↔ Name。

②如果属性 X 与 Y 有多对一（m∶1）的联系时，则存在函数依赖 X → Y。例如 StuNo 与 DepartMent 之间为多对一的联系（m∶1），所以有 StuNo → DepartMent。

③如果属性 X 与 Y 有多对多（m∶n）的联系时，则 X 与 Y 之间不存在任何函数依赖关系。例如，一个学生可以选修多门课程，一门课程又可以被多个学生选修，所以 StuNo 与 CourseNo 之间不存在函数依赖的关系。

由于函数依赖与属性之间的联系类型有关，在确定属性间的函数依赖时，可以从分析属性间的联系入手，可以确定属性间的函数依赖。

3）函数依赖是语义范畴的概念

我们只能根据语义来确定一个函数依赖，而不能按照其形式化的定义来证明一个函数依赖是否成立。例如，对于关系模式 S，在学生不重名的情况下，可以得到 Name → Age，Name → DepartMent。这种函数依赖必须在学生不重名的条件下才成立，否则就不存在这些函数依赖了。所以函数依赖反映了一种语义完整性约束，是语义的要求。

4）函数依赖关系的存在与时间无关

函数依赖是指关系中的所有元组应该满足的约束条件，而不是指关系中某个或某些元组所满足的约束条件。当关系中元组增加、删除或更新后都不能破坏这种函数的依赖。因此，必须根据语义来确定属性之间的函数的依赖，而不能单凭某一时刻关系中的实际数据值来判断。

5）函数依赖可以保证关系分解的无损连接性

设 R（X，Y，Z），X、Y、Z 为不相交的属性集合，如果 X → Y、X → Z，则有 R（X，Y，Z）= R[X，Y] ∞ R[X，Z]，其中 R[X，Y] 表示关系 R 在属性（X，Y）上投影，即 R 等于两个分别含决定因素 X 的投影关系 { 分别是 R（X，Y）与 R[X，Z]} 在 X 上的自然连接。这样便保证了 R 被分解后不会丢失原有的信息，这称作关系分解的无损连接性。

例如，对于关系模式 St(StuNo，Name，Age，DepartMent)，有 StuNo → Name，StuNo → （Age，DepartMent），则 St(StuNo，Name，Age，DepartMent)=St1(StuNo，Name) ∞ St2(StuNo，Age，DepartMent)，也就是说 St 的两个投影关系 St1、St2 在 StuNo 上的自然连接可复原关系模式 St。

（3）函数依赖的基本性质

1）投影性

根据平凡的函数依赖的定义可知，一组属性函数决定它的所有可能的子集。例如，在选课关系 Sc 中，(StuNo，CourseNo) → Score。

> **说 明**
>
> 投影性产生的是平凡的函数依赖，需要时也能使用。

2）扩张性

若 X → Y 且 W → Z，则 （X，W） → （Y，Z）。例如，StuNo → （Name，Age），DepartMent → Mn，则有 (StuNo，DepartMent) → （Name，Age，Mn）。

扩张性实现了两个函数依赖决定因素与被决定因素分别合并后仍保持决定关系。

3）合并性

若 X → Y 且 X → Z，则必有 X → （Y，Z）。例如，在关系 S 中 StuNo → （Name，Age），StuNo → DepartMent，则有 StuNo → （Name，Age，DepartMent）。

决定因素相同的两个函数依赖，它们的被决定因素合并后，函数依赖关系依然保持。

4）分解性

若 X → （Y，Z），则有 X → Y 且 X → Z。很显然分解性为合并性的逆过程。

决定因素能决定全部，当然也能决定全部中的部分。

（4）完全函数依赖和部分函数依赖

定义 1.2 在关系模式 R 中，若 Y 函数依赖于 X （X → Y），但 Y 函数不依赖 X 的任一个真子集，则称 Y 对 X 完全函数依赖，记作 $X \xrightarrow{f} Y$。否则称为部分函数依赖，记作 $X \xrightarrow{p} Y$。

由定义可知，当 X 是单个属性时，由于 X 不存在任何真子集，那么如果 X → Y，则 Y 完全依赖 X。

例如，在学生 St(StuNo，Name，Sex，Age，DepartMent) 关系中，存在函数依赖 (StuNo，Name) → Sex。因为不可能存在两个学生的学号、姓名都相同，而性别不同的情况，所以性别函数依赖于 (StuNo，Name) 是成立的。但是这个函数依赖不是完全函数依赖，是部分函数依赖。因为存在函数依赖 StuNo → Name，而学号是 (StuNo，Name) 的一个真子集，不符合完全函数依赖的定义，所以 (StuNo，Name) $\xrightarrow{p}$ Sex。

又比如，在选课 Sc(StuNo，CourseNo，Score) 关系中，存在函数依赖 (StuNo，CourseNo) → Score。又因为每个学生选修的每门课程只对应一个成绩，不存在学号和课程号相同而成绩不同的情况。另外，(StuNo，CourseNo) 的真子集有两个即 (StuNo) 和 (CourseNo)。首先，一个学生可以选修多门课程，所以会有多个成绩，故存在着学号相同成绩不同的情况，所以 StuNo → Score 是不成立的；另外，一门课程可以被多名学生选修，不同的学生选修同一门课程会得到不同的成绩，故可能存在课程号相同，而成绩不同的情况，所以 CourseNo → Score 也是不成立的。

综上所述，(StuNo，CourseNo) → Score 是成立的，并且 Score 不存在函数依赖于 (StuNo，CourseNo) 的任何一个真子集，所以 (StuNo，CourseNo) $\xrightarrow{f}$ Score。

（5）传递函数依赖

定义 1.3 在同一关系模式 R 中，若 Y 函数依赖于 X（X → Y），并且 Z 函数依赖于 Y（Y → Z），而 Y $\nrightarrow$ X，则有 Z 函数依赖于 X（X → Z），并且这种函数依赖为传递函数依赖。

在定义 1.3 中，同时要求条件 X → Y 与 Y $\nrightarrow$ X 是十分必要的。因为如果 X、Y 相互依赖，实际上它处于等价地位，此时 X → Z 则为直接函数依赖关系，并非传递函数依赖。

例如，存在一个关系模式 St(StuNo，DepartMent，Mn)，由于一名学生只能属于某一个系，所以 StuNo → DepartMent 是成立的。并且一个系只能有一个系主任，所以 DepartMent → Mn 也是成立的。由于一个系有若干名学生，所以系名 DepartMent $\nrightarrow$ StuNo。因此函数依赖 StuNo → Mn 成立，且为传递函数依赖。

1.1.3　关系模式的规范化理论

规范化的基本思想是消除关系模式中的数据冗余，消除数据依赖中不合适的那部分，解决数据插入、删除与修改时发生的异常现象。这就要求关系数据库设计出来的模式是一个好的关系模式。什么样的关系模式比较好？标准是什么？1971 年 E.F.Codd 提出了范式（Normal Forms，记作 NF）的概念。范式是关系模式满足不同程度的规范化标准。他认为关系模式应满足的规范要求可分成 n 级，满足最低要求的叫作第一范式（1NF），在 1NF 的基础上满足进一步要求的叫作第二范式（2NF），在 2NF 中能满足更高要求的，就属于第三范式（3NF）。1974 年，Codd 和 Boyce 共同提出了一个新的范式概念，即 Boyce-Codd 范式，简称 BCNF。1974 年 Fagin 提出了第四范式（4NF），后来又有人定义了第五范式（5NF）。至此，关系数据库规范中建立了一系列范式：1NF、2NF、3NF、4NF、5NF。

（1）第一范式（1NF）

定义 1.4 如果关系模式 R 所有的属性均为简单属性，即每个属性都是不可再分的，则称 R 属于第一范式，简称 1NF，记作 R ∈ 1NF。不满足 1NF 的关系称为非规范化关系。

例如，选课关系 Sc(StuNo，CourseNo，Score)，见表 1-6，这样的关系模式就不是第一范式，而是一种非规范化关系。

表 1-6 选课关系表

StuNo	CourseNo	Score
2007043201	C1	88
	C2	78
	C3	90
2007043202	C1	90
	C2	89
2007043203	C3	87
2007043204	C1	95
2007043205	C2	92

关系模式最基本的要求是必须满足第一范式。凡是非规范化关系必须转化为规范化关系，方法是去掉组项和重复项，将所有数据项都分解成不可再分的最小数据项。例如，分别对表 1-6 关系进行规范化分解成满足 1 NF 的关系，见表 1-7。

表 1-7 选课关系表（规范化）

StuNo	CourseNo	Score
2007043201	C1	88
2007043201	C2	78
2007043201	C3	90
2007043202	C1	90
2007043202	C2	89
2007043203	C3	87
2007043204	C1	95
2007043205	C2	92

> **注意**
>
> 1NF 是最基本的关系模式，任何关系都应遵守。

关系模式仅仅满足第一范式的要求是远远不够的，它仍然存在插入异常、删除异常和更新异常等问题。不解决这些问题，关系模式的性能就不能提高。

（2）第二范式（2NF）

1）第二范式的定义

定义 1.5 如果关系模式 R ∈ 1NF，R(U，F) 中的所有非主属性都完全函数依赖于任意一个候选关键字，则关系 R 属于第二范式 (Second Normal Form)，简称 2NF，记作 R ∈ 2NF。

从定义上可知，满足第二范式的关系模式 R 中，不可能有某非主属性对某候选关键字存在部分函数依赖。下面让我们来分析一下前面给出的关系模式 S（StuNo，Name，Sex，Age，DepartMent，Mn，CourseNo，CourseName，Score）。

在关系模式 S 中，它的关系键是（StuNo，CourseNo），函数依赖关系有：

(StuNo，CourseNo) $\xrightarrow{f}$ Score

StuNo → Name， (StuNo，CourseNo) $\xrightarrow{p}$ Name

StuNo → Sex， (StuNo，CourseNo) $\xrightarrow{p}$ Sex

StuNo → Age， (StuNo，CourseNo) $\xrightarrow{p}$ Age

StuNo → DepartMent， (StuNo，CourseNo) $\xrightarrow{p}$ DepartMent，DepartMent → Mn

StuNo t → Mn， (StuNo，CourseNo) $\xrightarrow{p}$ Mn

CourseNo → CourseName， (StuNo，CourseNo) $\xrightarrow{p}$ CourseName

显然，StuNo、CourseNo 为主属性，Name、Sex、Age、DepartMent、Mn、CourseName、Score 为非主属性，因为存在非主属性对关系键（StuNo，CourseNo）是部分函数依赖的，根据定义可知 S ∉ 2NF。

由此可见，在关系模式 S 中，既存在完全函数依赖，又存在部分函数依赖和传递函数依赖，这种情况往往是数据库不允许的，也正是由于关系中存在着复杂的函数依赖，才导致数据库的操作中出现了插入异常、删除异常和更新异常等弊端。

2）第二范式的规范化

2NF 规范化是指把 1NF 关系模式通过投影分解，消除非主属性对候选关键字的部分函数依赖，转换成 2NF 关系模式的集合过程。

分解遵循的原则是让一个关系只描述一个实体或实体之间的联系，如果多于一个实体或联系，则进行投影分解。根据这个原则我们可以将关系模式 S 分解成三个关系模式：

学生关系 St(StuNo，Name，Sex，Age，DepartMent，Mn)

选课关系 Sc(StuNo，CourseNo，Score)

课程关系 C(CourseNo，CourseName)

分解后的关系模式 St 候选关键字为 StuNo，选课关系 Sc 候选关键字为 (StuNo，CourseNo)，非主属性对候选关键字均是完全依赖的，这样就消除了非主属性对候选关键字的部分依赖。即 St ∈ 2NF，Sc ∈ 2NF，它们之间通过 Sc 中的外键 StuNo 相联系，需要时再进行自然连接，能恢复成原来的联系，这种分解不会丢失任何信息，具有无损连接性。

（3）第三范式（3NF）

1）第三范式的定义

定义 1.6 如果关系模式 R ∈ 2NF，R(U，F) 中的所有非主属性对任何候选关键字都不存在传递函数依赖，则称 R 是属于第三范式（Third Normal Form），简称 3NF，记作 R ∈ 3NF。

从定义中可以看出，如果存在非主属性对任何候选关键字存在传递函数依赖，则相应的关系模式就不是 3NF。

继续分析关系模式 S，关系模式 St、Sc、C 均满足 2NF，但依然会产生插入异常、删除异常和更新异常等问题。这是为什么？

分析关系模式 St，发现存在如下问题。

①插入异常

当新成立一个系还未招收到学生时，系的有关信息无法存入 St。

②删除异常

某系的学生全毕业了，则删除学生信息时，也跟着删除了 DepartMent 和 Mn 信息。

③数据冗余和更新异常

如果某系有 1000 名学生，则 DepartMent 和 Mn 信息要重复 1000 遍，造成数据冗余。如果该系更换了系主任，则必须修改全部元组，容易产生数据不一致的情况。

关系模式 St(StuNo，Name，Sex，Age，DepartMent，Mn) 中存在如下两个函数依赖：

StuNo → DepartMent，DepartMent → Mn。而 DepartMent ↛ StuNo，因此存在一个传递函数依赖 StuNo → Mn。

从以上分析可知，关系模式 St 中存在传递函数依赖，因此 St 不满足 3NF。消除这些依赖就转化成了 3NF。

2）3NF 的规范化

3NF 的规范化是指 2NF 关系模式通过投影分解，消除了非主属性对候选关键字的传递函数依赖，而转换成 3NF 关系模式的集合过程。

3NF 的规范化同样遵循让一个关系只描述一个实体或实体之间的联系的分解原

则，如果多于一个实体或联系，则进行投影分解。根据这个原则我们可以将关系模式 S 分解成两个关系模式：

① St(StuNo，Name，Sex，Age，DepartMent)

② D(DepartMent，Mn)

分解后 St 和 D 主键分别为 StuNo 和 DepartMent，这两个关系模式中不存在传递函数依赖，它们均为第三范式。

St 和 D 函数依赖分别如图 1-1 和图 1-2 所示。

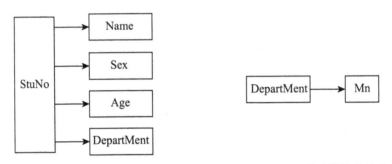

图 1-1　St 中函数依赖关系　　　　　图 1-2　D 中函数依赖关系

由图 1-1、图 1-2 可以看出，关系模式 St 由 2NF 分解成 3NF 后，函数依赖关系变得更加简单，既没有非主属性对码的部分依赖，也没有非主属性对码的传递依赖，解决了 2NF 中存在的四个问题，因此，分解后关系模式 St 和 D 具有如下特点：

①数据冗余度降低了。如系主任的名字存储次数与该系的学生人数无关，只在关系 D 中存储一次。

②不存在插入异常。如当一个新系没有学生时，该系的信息可以直接插入到关系 D 中，而与学生关系 St 无关。

③不存在删除异常。如要删除某系的全部学生而仍然保留该系的有关信息时，可以只删除学生关系 St 中相关目录，而不影响关系 D 中的数据。

④不存在修改异常。如更换系主任时，只需修改关系 D 中一个相应的元组的 Mn 属性值，不会出现数据不一致的现象。

> **注 意**
>
> 　　由于 3NF 关系模式中不存在非主属性对关键字部分依赖和传递函数依赖，在很大程度上消除了数据的冗余和更新异常，因此在通常的数据库设计中，一般要求达到 3NF，3NF 是一个实际可用关系模式应满足的最低范式。

（4）BCNF 范式

1）BCNF 范式的定义

定义 1.7　如果关系模式 R ∈ 1NF，且所有的函数依赖 X → Y（Y 不包含 X），决定因素 X 都包含了 R 的一个候选码，则称 R 属于 BCNF(Boyce-Codd Normal Form)，记作 R ∈ BCNF。

由 BCNF 的定义可以得到以下结论，一个满足 BCNF 的关系模式有：

①所有非主属性对每一个候选码都是完全函数依赖。

②所有的主属性对每一个不包含它的候选码都是完全函数依赖。

③没有任何属性完全函数依赖于非码的任何一组属性。

由于 R ∈ BCNF，按定义排除了任何属性对候选码的传递依赖和部分依赖，所以 R ∈ 3NF。但若 R ∈ 3NF，则 R 未必属于 BCNF。下面举例说明。

例如，设有关系模式 Sc（StuNo，Name，CourseNo，Score），其中 StuNo 代表学生学号，Name 代表学生姓名，并假设不重名，CourseNo 代表课程号，Score 代表成绩。可以判定，Sc 有两个候选键（StuNo，CourseNo）和（Name，CourseNo），其函数依赖如下：

StuNo $\leftrightarrow$ Name

（StuNo，CourseNo）→ Score

（Name，CourseNo）→ Score

唯一的非主属性 Score 对键不存在部分函数依赖，也不存在传递函数依赖。所以 Sc ∈ 3NF。但是，因为 StuNo $\leftrightarrow$ Name，即决定因素 StuNo 或 Name 不包含候选键，从另一个角度说，存在着主属性对键的部分函数依赖：（StuNo，CourseNo）$\xrightarrow{P}$ Name，（Name，CourseNo）$\xrightarrow{P}$ StuNo，所以 Sc 不是 BCNF。正是存在着这种主属性对键的部分函数依赖关系，造成了关系 Sc 中存在着较大的数据冗余，学生姓名的存储次数等于该生所选的课程数，从而会引起修改异常。比如，当要更改某个学生的姓名时，则必须搜索出该姓名的每个学生记录，并对其姓名逐一修改，这样容易造成数据不一致的问题。解决这一问题的办法仍然是通过投影分解进一步提高范式的等级，将其规范到 BCNF。

2）BCNF 范式的规范化

BCNF 的规范化是指把 3NF 关系模式通过投影分解转换成 BCNF 关系模式的集合过程。下面以 3NF 关系模式 Sc 为例，来说明 BCNF 规范化的过程。

例如，将 Sc（StuNo，Name，CourseNo，Score）规范到 BCNF。Sc 产生数据冗余的原因是在这个关系中存在两个实体：一个学生实体，属性有 StuNo、Name；另一个为选课实体，属性有 StuNo、CourseNo、Score。根据分解原则，我们可以将 Sc 分解成如下两个关系：

St（StuNo，Name），描述学生实体。

Sc（StuNo，CourseNo，Score），描述学生与选课联系。

对于 St 有两个候选码 StuNo、Name；对于 Sc，主码为（StuNo，CourseNo）。这两个关系中无论是主属性还是非主属性都不存在对码的部分依赖和传递依赖，St∈BCNF，Sc∈BCNF。

分解后，St 和 Sc 的函数依赖分别如图 1-3 和图 1-4 所示。

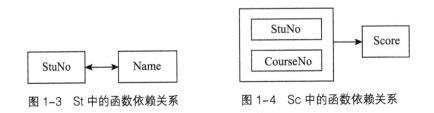

图 1-3　St 中的函数依赖关系　　　图 1-4　Sc 中的函数依赖关系

关系 Sc 转换成 BCNF 后，数据冗余度明显降低。学生的姓名只在关系 St 中存储一次，学生要改名时，只需改动一条学生记录中相应的 Name 值即可，从而不会发生修改异常。

3NF 和 BCNF 是在函数依赖的条件下对模式分解所能达到的分离程度的测度。一个模式中的关系模式如果都属于 BCNF，那么在函数依赖范畴内，它已实现了彻底的分离，已消除了插入异常和删除异常。3NF 的"不彻底"性表现在可能存在主属性对候选码的部分依赖和传递依赖。

（5）多值依赖与 4NF

前面所介绍的规范化都是建立在函数依赖的基础上，函数依赖表示的是关系模式中属性间的一对一或一对多的联系，但它并不能表示属性间多对多的关系，因而某些关系模式虽然已经规范到 BCNF，仍然存在一些弊端，本部分主要讨论属性间多对多的联系即多值依赖问题，以及在多值依赖范畴内定义的第四范式。

1）多值依赖的定义

一个关系属于 BCNF 范式，是否就已经很完美了呢？为此，我们先看一个例子。

实例 1-1　规范后的关系模式。

假设某学校中有一门课程可由多名教师讲授，教学中他们使用相同的一套参考书，这样我们可用表 1-8 的规范化的关系来表示课程（C）、教师（T）和参考书（R）间的关系。

我们把表 1-8 的关系 CTR 转化成规范化的关系，见表 1-9。由此可以看出，规范后的关系模式 CTR，只有唯一的一个函数依赖（C，T，R）→U（U 即关系模式 CTR 的所有属性的集合），其码显然是（C，T，R），即全码，因而 CTR 属于 BCNF 范式。

表 1-8　关系 CTR

课程（C）	教师（T）	参考书（R）
数据库原理及应用	赵刚	数据库系统概论
	李浩	数据库系统
	王强	SQL Server 2000
程序设计	刘丽	C 语言程序设计
	吴强	C++ 程序设计
	孙云	面向对象程序语言

表 1-9　规范后的关系表 CTR

课程（C）	教师（T）	参考书（R）
数据库原理及应用	赵刚	数据库系统概论
数据库原理及应用	李浩	数据库系统
数据库原理及应用	王强	SQL Server 2000
程序设计	刘丽	C 语言程序设计
程序设计	吴强	C++ 程序设计
程序设计	孙云	面向对象程序语言

但是进一步分析可以看出，CTR 还存在着如下弊端。

①数据冗余大。课程、教师和参考书都被多次存储。

②插入异常。若增加一名教授“JAVA 语言”的教师“王蕾”，由于这个教师也使用相同的一套参考书，需要添加两个元组，即（JAVA 语言，王蕾，面向对象程序语言）和（JAVA 语言，王蕾，C++ 程序设计）。

③删除异常。若要删除某一门课的一本参考书，则与该参考书有关的元组都要被删除，如删除“数据库系统概论”课程的一本参考书“数据库系统”，则需要删除（数据库原理及应用，李浩，数据库系统）一个元组。

产生以上弊端的原因主要有以下两方面。

①对于关系 CTR 中的 C 的一个具体值来说，有多个 T 值与其相对应；同样，

C 与 R 间也存在着类似的联系。

②对于关系 CTR 中的 C 的一个具体值来说，与其相对应的一组 T 值与 R 值无关。如与"数据库原理及应用"课程对应的一组教师与此课程的参考书毫无关系。

从以上两个方面可以看出，C 与 T 之间的联系显然不是函数依赖，在此我们称之为多值依赖 (Multivalued Dependency，MVD)。

定义 1.8 设有关系模式 R (U)，U 是属性全集，X、Y、Z 是属性集 U 的子集，且 $Z=U-X-Y$，如果对于 R 的任一关系，对于 X 的一个确定值，存在 Y 的一组值与之对应，且 Y 的这组值仅仅决定于 X 的值而与 Z 值无关，此时称 Y 多值依赖于 X，或者 X 多值决定 Y，记作 $X \rightarrow\rightarrow Y$。在多值依赖中，若 $X \rightarrow\rightarrow Y$ 且 $Z=U-X-Y \neq \phi$，则称 $X \rightarrow\rightarrow Y$ 是非平凡的多值依赖，否则称为平凡的多值依赖。

如：在关系模式 CTR 中，对于某一 C、R 属性值组合（数据库原理及应用，数据库系统）来说，有一组 T 值 { 赵刚，李浩 }，这组值仅仅决定于课程 C 上的值（数据库原理及应用）。也就是说，对于另一个 C、R 属性值组合（数据库系统概论，SQL Server 2000），它对应的一组 T 值仍是 { 李浩，王强 }，尽管这时参考书 R 的值已经改变了。此 T 多值依赖于 C，即：$C \rightarrow\rightarrow T$。下面是多值依赖的另一形式的定义：

定义 1.9 设有关系模式 R (U)，U 是属性全集，X、Y、Z 是属性集合 U 的子集，且 $Z=U-X-Y$，r 是关系模式 R 的任一关系，t、s 是 r 的任意两个元组，如果 $t[X]=s[X]$，r 中必有的两个元组 u、v 存在，使得：

① $s[x]=t[X]=u[X]=v[X]$

② $u[Y]=t[Y]$ 且 $u[Z]=s[Z]$

③ $v[Y]=s[Y]$ 且 $v[Z]=t[Z]$

则称 X 多值决定 Y 或 Y 多值依赖于 X。

2）多值依赖与函数依赖的区别

①在关系模式 R 中，函数依赖 $X \rightarrow Y$ 的有效性仅仅决定于 X、Y 这两个属性集，不涉及第三个属性集，而在多值依赖中，$X \rightarrow\rightarrow Y$ 在属性集 U $(U=X+Y+Z)$ 上是否成立，不仅要检查属性集 X、Y 上的值，而且要检查属性集 U 的其余属性 Z 上的值。因此，如果 $X \rightarrow\rightarrow Y$ 在属性集 W $(W \subset U)$ 上成立，但 $X \rightarrow\rightarrow Y$ 在属性集 U 上不一定成立。所以，多值依赖的有效性与属性集的范围有关。

如果在 R (U) 上有 $X \rightarrow\rightarrow Y$，在属性集 W $(W \subset U)$ 上也成立，则称 $X \rightarrow\rightarrow Y$ 为 R (U) 的嵌入型多值依赖。

②如果在关系模式 R 上存在函数依赖 $X \rightarrow Y$，则任何 Y′ 包含于 Y 均有 $X \rightarrow Y'$ 成立，而多值依赖 $X \rightarrow\rightarrow Y$ 在 R 上成立，但不能断言对于任何 Y′ 包含于 Y，有 $X \rightarrow\rightarrow Y'$ 成立。

③多值依赖的性质

多值依赖具有对称性。即若 X →→ Y，则 X →→ Z，其中 Z=U−X−Y。

多值依赖具有传递性。即若 X →→ Y，Y →→ Z，则 X →→ Z−Y。

函数依赖可看作是多值依赖的特殊情况。即若 X → Y，则 X →→ Y。

多值依赖具有合并性。即若 X →→ Y，X →→ Z，则 X →→ YZ。

多值依赖具有分解性。即若 X →→ Y，X →→ Z，则 X →→ (Y ∩ Z)、X →→ Y−Z、X →→ Z−Y 均成立。

这说明，如果两个相交的属性子集均多值依赖于另一个属性子集，则这两个属性子集因相交而分割成的三部分也都多值依赖于该属性子集。

3）第四范式

①第四范式（4NF）的定义

上面我们分析了关系 CTR 虽然属于 BCNF，但还存在着数据冗余、插入异常和删除异常的弊端，究其原因就是 CTR 中存在非平凡的多值依赖，而决定因素不是码。因而必须将 CTR 继续分解，如果分解成两个关系模式 CTR1（C，T）和 CTR2（C，R），则它们的冗余度会明显降低。从多值依赖的定义分析 CTR1 和 CTR2，它们的属性间各有一个多值依赖 C →→ T、C →→ R，都是平凡的多值依赖。因此，含有多值依赖的关系模式中，减少数据冗余和操作异常的常用方法是将关系模式分解为仅有平凡的多值依赖的关系模式。

定义 1.10　设有一关系模式 R（U），U 是其属性全集，X、Y 是 U 的子集，D 是 R 上的数据依赖。如果对于任一多值依赖 X →→ Y，此多值依赖是平凡的，或者 X 包含了 R 的一个候选码，则称关系模式 R 是第四范式，记作 R ∈ 4NF。

由此定义可知，关系模式 CTR 分解后产生的 CTR1（C，T）和 CTR2（C，R）中，因为 C →→ T、C →→ R 均是平凡的多值依赖，所以 CTR1 和 CTR2 都是 4NF。

经过上面的分析可以得知，一个 BCNF 的关系模式不一定是 4NF，而 4NF 的关系模式必定是 BCNF 的关系模式，即 4NF 是 BCNF 的推广，4NF 范式的定义涵盖了 BCNF 范式的定义。

② 4NF 的分解

把一个关系模式分解为 4NF 的方法与分解为 BCNF 的方法类似，就是把一个关系模式利用投影的方法消去非平凡且非函数依赖的多值依赖，并具有无损连接性。

函数依赖和多值依赖是两种重要的数据依赖。如果只考虑函数依赖，则属于 BCNF 的关系模式的规范化程度已经是最高了。如果考虑多值依赖，则属于 4NF 的关系模式规范化程度是最高的。事实上，数据依赖中除了函数依赖和多值依赖之外，还有其他的数据依赖如连接依赖。函数依赖是多值依赖的一种特殊情况，而多值依赖实际上又是连接依赖的一种特殊情况。但连接依赖不像函数依赖和多值依赖那样可由语义直接导出，而是在关系的连接运算时才反映出来。存在连接依赖的关系模式仍可能遇到数据冗余及插入、修改、删除异常问题。如果消除了属于4NF的关系中存在的连接依赖，则可以进一步达到更高级别的关系模式。

1.1.4 小结

在任务一中，我们首先由关系模式表现出的异常问题引出了函数依赖的概念，其中包括完全/部分函数依赖和传递/直接函数依赖之分。这些概念是规范化理论的依据和规范化程度的准则。规范化就是对原关系进行投影，消除决定属性不是候选码的任何函数依赖。一个关系只要其分量都是不可分的数据项，就可称作规范化的关系，也称作1NF。消除1NF关系中非主属性对码的部分函数依赖，得到2NF；消除2NF关系中非主属性对码的传递函数依赖，得到3NF；消除3NF关系中主属性对码的部分函数依赖和传递函数依赖，便可得到一组BCNF关系。规范化的目的是使结构更合理，消除异常，使数据冗余尽量小，便于插入、删除和修改。原则是遵从概念单一化原则，即一个关系模式描述一个实体或实体间的一种联系。规范的实质就是概念的单一化。方法是将关系模式投影分解成两个或两个以上的关系模式。要求：分解后的关系模式集合应当与原关系模式"等价"，即经过自然连接可以恢复原关系而不丢失信息，并保持属性间合理的联系。注意：一个关系模式的不同分解可以得到不同关系模式集合，也就是说分解方法不是唯一的。最小冗余的要求必须以分解后的数据库能够表达原来数据库所有信息为前提来实现。其根本目标是节省存储空间，避免数据不一致性，提高对关系的操作效率，同时满足应用需求。实际上，并不一定要求全部模式都达到BCNF，有时候故意保留部分冗余可能更方便数据查询，尤其对于那些更新频度不高，查询频度极高的数据库系统更是如此。

▶ 任务二　数据库应用系统的设计方法

数据库设计是指对于给定的硬件、软件环境，针对现实应用问题，设计一个较优的数据模型，依据此模型建立数据库中表、视图等结构，并以此为基础构建数据库信息管理应用系统。

数据库系统设计是数据库应用系统设计的核心阶段，对代码设计提供坚实的基础，决定应用软件开发的质量。通过任务二的学习，可以使同学们了解数据库应用系统的设计过程和设计方法及系统实施的要点，重点体会实体—联系模型及其实体间3种联系。任务二以学生管理信息系统为案例讲解系统设计的过程和方法，重点体会学生、成绩、学籍、奖惩等实体及其之间的联系。

1.2.1 数据库的设计方法

要使数据库设计更加合理，就需要有有效的指导原则，这种原则就称为数据库设计方法。通过分析、比较与综合各种常用的数据库规范设计方法，我们将数据库设计分为以下 6 个阶段：

- 需求分析；
- 概念结构设计；
- 逻辑结构设计；
- 物理设计；
- 数据库实施；
- 数据库的运行与维护。

下面我们分别讨论数据库设计过程中各个阶段的设计内容、方法。

1.2.2 需求分析

要设计一个性能良好的数据库系统，明确应用环境对系统的要求是首要的和基本的。因此，应将对应用环境需求的收集和分析作为数据库设计的第一步。在这一阶段收集到的基础数据是下一步进行概念设计的基础。

在需求分析阶段，要对系统的整个应用情况进行全面、详细的调查，收集支持系统总的设计目标的基础数据和对这些数据的处理要求，确定用户的需求。

要准确地确定用户全部的信息需求是一件困难的事情。事实上，它也是系统开发中最困难的任务之一。其原因为：第一，系统本身的需求是变化的，用户的需求必须不断调整使之与这种变化一致；第二，由于用户缺少计算机信息系统设计方面的专业知识，而计算机人员往往又不熟悉业务知识，因此要确定准确的需求很难；第三，发挥用户的积极性、主动性，但要使他们能直接参与系统的分析和设计工作仍有一定困难。

面对这些困难，设计人员必须首先认识到在整个需求分析及系统设计过程中，用户参与的重要性，特别是大型多用户共享数据库系统，要与用户有广泛的密切的联系，用户的积极参与是非常重要的。设计人员要以自己热情的工作、诚恳的态度，取得用户的信任；不但自身应熟悉业务知识，而且应帮助不熟悉计算机的用户建立数据库环境下新的概念；对于那些因缺少现成的模式，很难设想新的系统，不知应有哪些需求的用户，还可用原型化的方法来帮助用户建立、确定他们的需求。也就是说先给用户一个比较简单、容易调整但真实的系统，让用户依据它来验证调整自己的需求，用户在熟悉使用系统中，可提出新的需求，再调整原型。依次反复验证协助用户发现和确定他们的需求。总之，设计人员要与用户同心协力共同完成设计工作，并对最后结果承担共同责任。

同时，设计人员还应重视了解系统将来可能发生变化，收集未来的应用所涉及的数据，充分考虑系统可能的扩充和变动。使系统设计更符合未来发展趋向，并且易于改动，以减少系统维护的代价。

在调查情况的过程中，设计人员要重点了解的是"数据"和"处理"，具体来说就是要了解：

（1）用户的信息要求。用户要从数据库中得到哪些信息，这些信息的具体内容和性质，从而确定数据库中应存储哪些数据。

（2）用户的处理要求。用户要完成什么样的处理功能，对某种处理要求的响应时间、处理方式是联机还是批处理。

（3）对数据的安全性、完整性的要求。具体的做法是：

1）了解组织机构的情况。调查这个组织由哪些部门组成，各部门的职责是什么，为分析信息流程做准备。

2）了解各部门的业务情况。调查各部门输入和使用的数据，数据的加工和处理，输出信息，输出到的部门，输出的结果格式等，这是调查的重点。

3）确定新系统的边界。确定整个系统中，哪些由计算机完成，哪些将来由计算机完成，哪些由手工完成。由计算机完成的功能就是新系统应该实现的功能。

在众多分析和表达用户需求的方法中，结构化分析（Structured Analysis，SA）是一个简单实用的方法。SA 方法用自顶向下、逐层分解的方式分析系统，由数据流图（Data Flow Diagram，DFD）和数据字典（Data Dictionary，DD）描述系统。在 SA 方法中，可将任何系统抽象为如图 1-5 所示的数据流图。

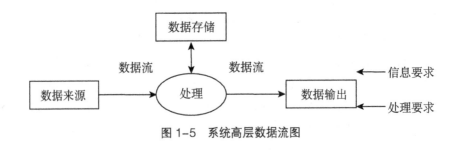

图 1-5　系统高层数据流图

图 1-5 给出的只是最高层次抽象的系统概貌，要反映更详细的内容，可将处理功能分解为若干子功能，每个子功能还可以继续分解，直到把系统工作过程表达清楚为止。

1.2.3　概念结构设计

概念结构是对现实世界的一种抽象，即对实际的人、物、事和概念进行人为处理，抽取所关心的特性，并把这些特性用各种概念准确地描述出来。一般都以"实体—联系模型"为工具来描述概念结构。

（1）实体—联系模型

现实世界中存在的客观事物不能直接输入到计算机中处理。必须将它们数据化后才能在计算机中处理。本部分内容以学生管理信息系统为具体应用实例，介绍将现实世界的客观事物进行数据化的过程。

将现实世界存在的客观事物进行数据化，要经历从现实世界到信息世界，再从信息世界到数据世界三个阶段。现实世界、信息世界和数据世界三者之间的关系如图 1-6 所示。

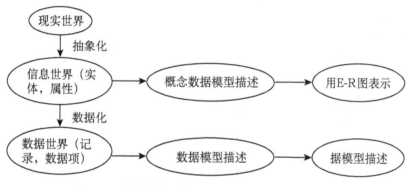

图 1-6　现实世界、信息世界和数据世界之间的关系

首先将现实世界中客观存在的事物及它们所具有的特性抽象为信息世界的实体和属性。然后使用实体联系（Entity Relationship，E-R）图表示实体、属性、实体之间的联系（即概念数据模型）。最后再将 E-R 图转换为数据世界中的联系。

（2）实体与联系

1）实体

现实世界中存在的并可相互区别的事物或概念称为实体。实体可以是具体的人、事、物，也可以是抽象的概念或联系。

例如，在学生管理信息系统中，主要的客观对象有学生（Student）、成绩（Score）、学籍变更（Change）、奖励（Encourage）、处罚（Punish）等实体。

在 E-R 图中用矩形框表示实体，并将实体名写在矩形框内。实体中的每一个具体的记录值，称之为实体的一个实例。

2）属性

属性是实体或者联系具有的特征或性质。例如，学生实体的属性有学号、姓名、性别、籍贯、出生日期等。

在 E-R 图中，用椭圆形框表示属性，并将属性名写在椭圆形框内，并用连线将属性框与它所描述的实体联系起来，如图 1-7 所示。

一个实体的所有实例都具有共同属性。属性的个数由用户对信息的需求决定。

图 1-7　实体属性联系

3）联系

联系是指不同实体之间的关系。在 E-R 图中，用菱形框表示联系，并将联系名写在菱形框内，并用连线将联系框与它所描述的实体联系起来。联系也可以有自己的属性，如图 1-8 所示。

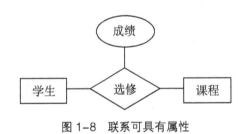

图 1-8　联系可具有属性

4）联系类型

①一对一联系（1∶1）

实体集 A 中的每个实体在实体集 B 中至多有一个实体与之对应关联，反之亦然，则实体集 A 与实体集 B 具有一对一联系，记为 1∶1。

如一个系只有一个系主任，一个系主任只在一个系工作，则系主任实体集和系实体集之间为一对一联系，如图 1-9a 所示。

②一对多联系（1∶n）

实体集 A 中的每个实体在实体集 B 中有 n 个实体（$n \geq 0$）与之对应关联，反之，实体集 B 中的每个实体在实体集 A 中最多有一个实体与之对应关联。则称实体集 A 与实体集 B 具有一对多联系，记为 1∶n。

如一个班级有多名学生，一名学生只能从属于一个班级，则班级实体集和学生实体集之间为一对多联系，如图 1-9b 所示。

③多对多联系（m∶n）

实体集 A 中的每个实体，在实体集 B 中有 n 个实体（$n \geq 0$）与之对应关联；反之，实体集 B 中的每个实体，在实体集 A 中也有 m 个实体（$m \geq 0$）与之对应关联，则称实体集 A 与实体集 B 具有多对多联系，记为 m : n。

　　如一名学生可以选修多门课，一门课可以允许多名学生选修，则学生实体集和课程实体集之间为多对多联系，如图 1-9 c 所示。

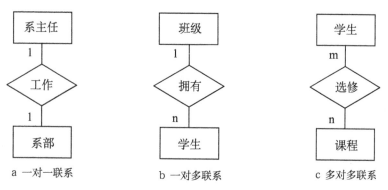

a 一对一联系　　　　b 一对多联系　　　　c 多对多联系

图 1-9　实体集间基本联系的 E-R 图表示

　　④自身联系

　　自身联系描述的是同一实体集内部各实体之间的联系。如一个班级中，班长与学生之间是领导与被领导的关系，一名学生（班长）领导多名学生（普通学生），同时一名学生（普通学生）只被另一名学生（班长）直接领导，如图 1-10 a 所示。在这个联系中，学生实体集出现了两次，分别扮演不同的角色，在图中用实体集到联系集的两条直线分别表示。

　　⑤is a 联系

　　描述的是两个实体集之间的父类和子类的关系。如班长实体集与学生实体集之间就是一种 is a 的联系，即班长是（is a）一名学生。此时我们称学生实体集是班长实体集的父类，而班长实体集是学生实体集的子类，班长可以继承学生的所有属性，同时又可有自己的特有属性"任职时间"，如图 1-10 b 所示。

　　⑥多元联系

　　两个实体集之间的联系称为二元联系，两个以上的实体集之间的联系称为多元联系，如图 1-10 c 所示。授课联系表达的就是教师、学生和课程之间的一种多元联系，一名教师可以给多个学生讲授多门课程，一名学生可以选修由多名教师讲授的多门课程。每门课程可以由多名教师讲授，教师、学生和课程之间是多对多的联系。

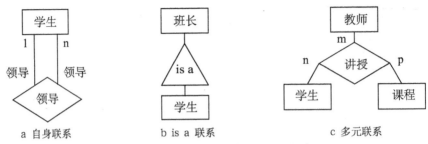

图 1-10　实体集间特殊联系的 E-R 图表示

（3）概念结构的设计方法和步骤

1）概念结构的设计方法

在概念结构设计中通常有四类方法：

①自顶向下。先定义全局概念模型，然后再逐步细化。

②自底向上。先定义每个局部的概念结构，然后按一定的规则把它们集成起来，得到全局概念模型。

③逐步扩张。首先定义最重要的核心概念结构，然后向外扩充，以滚雪球的方式逐步生成其他，直至总体概念结构。

④混合策略。将自顶向下和自底向上方法结合起来使用。先用自顶向下方法设计一个全局概念结构，再以它为框架用自底向上方法设计局部概念结构。

其中最常用的方法是自底向上。即自顶向下地进行需求分析，再自底向上地设计概念模式结构。

2）概念结构设计的步骤

对于自底向上的设计方法来说，概念结构设计的步骤分为如下两步：

①进行数据抽象，设计局部 E-R 模型。

②集成各局部 E-R 模型，形成全局 E-R 模型。

3）数据抽象与局部 E-R 模型设计

第一步：首先要根据需求分析的结果（数据流图、数据字典等）对现实世界的数据进行抽象，设计各个局部视图即局部 E-R 图。

第二步：集成局部 E-R 图。

设计局部 E-R 图的步骤是：

①选择局部应用

在需求分析阶段，通过对应用环境的要求进行详尽的调查分析，用多层数据流图和数据字典描述了整个系统。设计局部 E-R 图的第一步，就是要根据系统的具体情况，在多层的数据流图中选择一个适当层次的（经验很重要）数据流图，让这组图中每一部分对应一个局部应用，我们即可以这一层次的数据流图为出发点，设计局部 E-R 图。

②逐一设计局部 E-R 图

每个局部应用都对应了一组数据流图，局部应用涉及的数据都已经收集在数据字典中了。现在就是要将这些数据从数据字典中抽取出来，参照数据流图，标定局部应用中的实体、实体的属性，标识实体的关键字，确定实体之间的联系及其类型（1∶1、1∶n、m∶n）。

现实世界中一组具有某些共同特性和行为的对象就可以抽象为一个实体。对象和实体之间是"对象是实体中的一员"的关系。例如在学生管理信息系统中，可以把李明、徐燕、张兰等对象抽象为学生实体。

对象类型的组成成分可以抽象为实体的属性。组成成分与对象类型之间是"部分"的关系。例如学号、姓名、出生日期等可以抽象为学生实体的属性。其中学号为标识学生实体的关键字。

实际中实体与属性是相对而言的，很难有截然划分的界限。同一事物，在一种应用环境中作为"属性"，在另一种应用环境中有可能作为"实体"。一般说来，在给定的应用环境中：

属性不能再具有需要描述的性质。即属性必须是不可分的数据项。

属性不能与其他实体具有联系。联系只发生在实体之间。

符合上述两条特性的事物一般作为属性对待。为了简化 E-R 图的处置，现实世界中的事物凡能够作为属性对待的，应尽量作为属性。

实例 1-2　实体与属性。

学生是一个实体，学号、姓名、性别、年龄是学生的属性，而对于学生所在班级的抽象，则要根据具体情况来定。如果班级没有需要进一步描述的特征，则根据上面的准则，班级可作为学生实体的属性；如果需要进一步描述班级的人数、班长等属性，则应将班级抽象为一个实体，如图 1-11 所示。

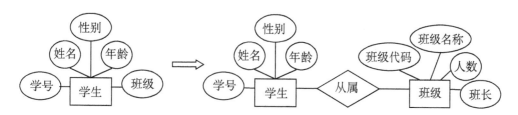

图 1-11　班级由一个属性变为实体

实例1-3 学生管理信息系统局部E-R图设计。

经调查得知，某大学学生管理信息系统的部分要求如下：

● 一个系下设若干个班级，一个班级只从属于一个系。

● 一个班级有若干名学生，一名学生只从属于一个班级。

● 一名学生可选修多门课程，一门课程由多名学生选取。

● 学生科对学习成绩优异或表现好的同学给予奖励，对有错误的同学给予惩罚。

根据以上约定，可以得到学生选课局部E-R图和学生奖罚局部E-R图，如图1-12和图1-13所示。

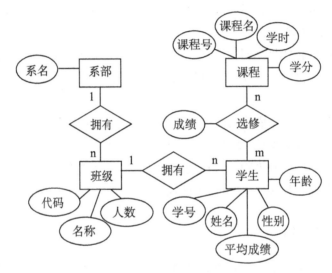

图1-12 学生选课局部E-R图

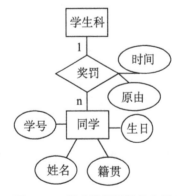

图1-13 学生奖罚局部E-R图

4）全局 E-R 模型设计

各个局部视图（即局部 E-R 图）建立好后，还需要对它们进行合并，集成为一个整体的概念数据结构（即全局 E-R 图），也就是视图的集成，视图的集成有 2 种方式：

● 一次集成法：一次集成多个局部 E-R 图，常用于局部视图比较简单时。

● 逐步累积式：首先集成两个局部视图（通常是比较关键的两个局部视图），以后每次将一个新的局部视图集成进来。

不管用哪种方法，集成局部 E-R 图都分为 2 个步骤：

● 合并：解决各个局部 E-R 图之间的冲突，将各个局部 E-R 图合并起来生成初步 E-R 图。

● 修改和重构：消除不必要的冗余，生成基本 E-R 图。

①合并局部 E-R 图，生成初步 E-R 图

这个步骤将所有的局部 E-R 图综合成全局概念结构。全局概念结构不仅要支持所有的局部 E-R 模型，而且必须合理地完成一个完整、一致的数据库概念结构。由于各个局部应用所面向的问题不同且由不同的设计人员进行设计，所以各个局部 E-R 图之间必定会存在许多不一致的地方，我们称之为冲突。因此合并局部 E-R 图时并不能简单地将各个分 E-R 图画到一起，而是必须着力消除各个局部 E-R 图中不一致的地方，以形成一个能为全系统中所有用户共同理解和接受的统一概念模型。合理消除各局部 E-R 图中的冲突是合并局部 E-R 图的主要工作与关键所在。

E-R 图中的冲突有三种：属性冲突、命名冲突和结构冲突。

a. 属性冲突

● 属性域冲突。属性值的类型、取值范围或取值集合不同。如学号是数字，某些部门（即局部应用）将学号定义为整数形式，而由于学号不用参与运算，另一些部门（即局部应用）将学号定义为字符型形式等。

● 属性取值单位冲突。如学生的身高，有的以米为单位，有的以厘米为单位。

解决属性冲突通常用讨论、协商等手段。

b. 命名冲突

命名不一致可能发生在实体名、属性名或联系名之间，其中属性的命名冲突更为常见，一般表现为同名异义或异名同义。

● 同名异义：不同意义的对象在不同的局部应用中具有相同的名字。

● 异名同义（一义多名）：同一意义的对象在不同局部应用中具有不同的名字。如在有的部门把教科书称为课本，有的部门则把教科书称为教材。

命名冲突可能发生在属性级、实体级、联系级上。其中属性的命名冲突更为常见。解决命名冲突通常用讨论、协商等行政手段。

c.结构冲突

结构冲突有三类：

第一类，同一对象在不同应用中具有不同的抽象，如班级在某一局部应用中被当作实体，而在另一应用中被当作属性。

解决方法：通常把属性变换为实体或把实体变换为属性，使同一对象具有相同的抽象，变换时要遵循两个原则。

第二类，同一实体在不同局部视图中所包含的属性不完全相同，或者属性的排列次序不完全相同。如在图 1-12、图 1-13 局部 E-R 图的学生实体中存在属性不完全相同的情况。

解决方法：使该实体的属性取各局部 E-R 图中属性的并集，再适当设计属性的次序。

第三类，实体之间的联系在不同局部视图中呈现不同的类型。

解决方法：根据应用语义对实体联系的类型进行综合或调整。

下面以图 1-12、图 1-13 中已画出的两个局部 E-R 图为例，来说明如何消除各局部 E-R 图之间的冲突，进行局部 E-R 模型的合并，从而生成初步 E-R 图。

首先，这两个局部 E-R 图中存在着命名冲突，学生选课局部 E-R 图中的实体"学生"与学生奖罚局部 E-R 图中的实体"同学"，都是指学生，即所谓异名同义，合并后统一改为"学生"。再者学生选课局部 E-R 图中的实体"学生"的属性"年龄"与学生奖罚局部 E-R 图中的属性"生日"存在冲突，且"年龄"可以从出生日期中推出，因此合并后统一改为"生日"。

其次，还存在着结构冲突，实体"学生"在两个局部 E-R 图中的属性组成不同，合并后这两个实体的属性组成为各局部 E-R 图中的同名实体属性的并集。解决上述冲突后，合并两个局部 E-R 图，能生成初步的全局 E-R 图（请读者自己画出）。

②消除不必要的冗余，设计基本 E-R 图

在初步 E-R 图中，可能存在冗余的数据和冗余的实体间联系，冗余的数据是指可由基本数据导出的数据，冗余的联系是指可由其他联系导出的联系，冗余数据和冗余联系容易破坏数据库的完整性，给数据库维护增加困难，当然并不是所有的冗余数据与冗余联系都必须加以消除，有时为了提高某些应用的效率，不得不以冗余信息作为代价。设计数据库概念模型时，哪些冗余信息必须消除，哪些冗余信息允许存在，需要根据用户的整体需求来确定。我们把消除不必要的冗余后的初步 E-R 图称为基本 E-R 图。采用分析的方法来消除数据冗余，以数据字典和数据流图为依据，根据数据字典中关于数据项之间逻辑关系的说明来消除冗余。

前面图 1-12、图 1-13 在形成初步 E-R 图后，"学生"实体中的属性"平均成绩"。可由"选修"联系中的属性"成绩"中经过计算得到，所以"平均成绩"属于冗余

数据。同时也要消除一些与该管理系统中暂时没有用到的属性，来消数据冗余，当然有时也可以保留这些属性以备扩展之用。最后便可以得到基本的 E-R 模型，如图 1-14 所示。

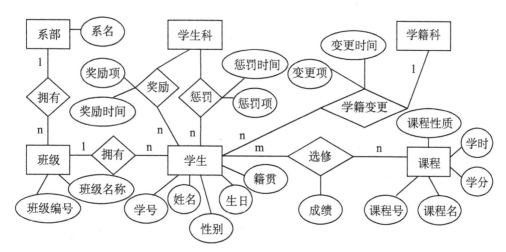

图 1-14 高校学生管理信息系统的基本 E-R 图

1.2.4 逻辑结构设计

概念结构是各种数据模型的共同基础。数据库逻辑结构设计任务就是将概念结构设计阶段设计好的基本 E-R 图转换为与特定 DBMS 所支持的数据库模型相符合的逻辑结构，即把 E-R 图转换为数据模型。

一般的逻辑结构设计分为以下三个步骤：

- 将概念结构转化为一般的关系、网状、层次模型。
- 将转化来的关系、网状、层次模型向特定 DBMS 支持下的数据模型转换。
- 对数据模型进行优化。

（1）初始化关系模式设计

1）转换原则

概念设计中得到的 E-R 图是实体、属性和联系组成的，而关系数据库逻辑设计的结构是一组关系模式的集合，所以将 E-R 图转换为关系模型实际上是将实体、属性和联系转换成关系模式。在转换过程中要遵守以下原则。

①一个实体转换为一个关系模式。

- 关系的属性：实体的属性；
- 关系的键：实体的键。

②一个 m：n 联系可以转换为一个关系模式。

- 关系的属性：与该联系相连的各实体的键及联系本身的属性；

● 关系的键：各实体键的组合。

③一个 1∶n 联系可以转换为一个关系模式。

● 关系的属性：与该联系相连的各实体的码及联系本身的属性；

● 关系的码：n 端实体的键。

说明：一个 1∶n 联系也可以与 n 端对应的关系模式合并，这时需要把 1 端关系模式的码加入到 n 端对应的关系模式中。

④一个 1∶1 联系可以转换为一个独立的关系模式。

● 关系的属性：与该联系相连的各实体的键及联系本身的属性；

● 关系候选码：每个实体的码均是该关系的候选码。

说明：一个 1∶1 联系也可以与任意一端对应的关系模式合并，这时需要把 1 端关系模式的码加入到另一端对应的关系模式中。

⑤3 个或 3 个以上实体间的一个多元联系转换为一个关系模式。

● 关系的属性：与该多元联系相连的各实体的键及联系本身的属性；

● 关系的码：各实体键的组合。

2）具体做法

①把一个实体转换为一个关系。先分析该实体的属性，从中确定主键，然后再将其转换为关系模式。

以图 1-14 为例将学生、课程、班级、系部 4 个实体分别转换为关系模式（带下划线的为主键）。

学生（学号，姓名，性别，生日，籍贯）

课程（课程号，课程名）

班级（班级编号，班级名称）

系部（编号，名称）

②每个联系转换成关系模式。

把图 1-14 中的选修、奖励、惩罚、学籍变更 4 个联系也转换成关系模式。

选修（学号，课程号，成绩）

奖励（学号，奖励项，奖励时间）

惩罚（学号，惩罚项，惩罚时间）

学籍变更（学号，变更原因，变更时间）

③关系模式的合并

1∶n 联系在转换时可以不必建立新的关系模式，为了节约空间，可以将系、班级及学生三个实体关系模式合并成一个学生信息模式。合并后的学生信息模式是：

学生信息（学号，姓名，性别，生日，籍贯，系名，班级）

（2）关系模式的规范化

数据库逻辑设计的结果不是唯一的。为了进一步提高数据库应用系统的性能还应该根据应用需要适当地修改、调整数据模型的结构，也就是对数据库模型进行优化，关系模型的优化通常是以规范化理论为基础。方法为：

1）确定数据依赖，按需求分析阶段所得到的语义，分别写出每个关系模式内部各属性之间的数据依赖及不同关系模式属性之间的数据依赖。

2）对于各个关系模式之间的数据依赖进行极小化处理，消除冗余的联系。

3）按照数据依赖的理论对关系模式逐一进行分析，考查是否存在部分函数依赖、传递函数依赖、多值依赖，确定各关系模式分别属于第几范式。

4）按照需求分析阶段得到的各种应用对数据处理的要求，分析对于这样的应用环境这些模式是否合适，确定是否要对它们进行合并或分解。

5）按照需求分析阶段得到的各种应用对数据处理的要求，对关系模式进行必要的分解或合并，以提高数据操作的效率和存储空间的利用率。

（3）关系模式的评价与改进

初步完成数据库逻辑结构设计之后，在进行物理设计之前，应对设计出的逻辑结构（这里为关系模式）的质量和性能进行评价，以便于改进。

1）模式的评价

对模式的评价包括设计质量的评价和性能评价两个方面。设计质量的标准有：可理解性、完整性和扩充性。遗憾的是这些几乎没有一个是能够有效而严格地进行度量的，因此只能做大致估计。至于数据模式的性能评价，由于缺乏物理设计所提供的数量测量标准，因此，也只能进行实际性能评估，它包括逻辑数据记录存取数、传输量及物理设计计算法的模型等。常用逻辑记录存取（LRA，Logical Record Access）方法来进行数据模式性能的评价。

2）数据模式的改进

根据对数据模式的性能估计，对已生成的模式进行改进。如果因为系统需求分析、概念结构设计的疏忽导致某些应用不能支持，则应该增加新的关系模式或属性。如果因为性能考虑而要求改进，则可使用合并或分解的方法。

①分解

为了提高数据操作的效率、存储空间和利用率，常用的方法就是分解，关系模式的分解一般分为水平分解和垂直分解两种。

水平分解指把（基本）关系的元组分为若干子集合，定义每个子集合为一个子关系，以提高系统的效率。

垂直分解是指把关系模式 R 的属性分解为若干子集合，形成若干子关系模式。垂直分解的原则：经常在一起使用的属性从 R 中分解出来形成一个子关系模式。

优点：可以提高某些事务的效率。缺点：可能使另一些事务不得不执行连接操作，从而降低了效率。

②合并

具有相同主键的关系模式，且对这些关系模式的处理主要是查询操作，而且经常是多关系的查询，那么可对这些关系模式按照组合频率进行合并。这样便可以减少连接操作而提高查询速度。

必须强调的是，在进行模式的改进时，决不能修改数据库信息方面的内容，如不修改信息内容无法改进数据模式的性能，则必须重新进行概念设计。

1.2.5　数据库物理设计

数据库物理设计的任务是为上一阶段得到的数据库逻辑模式选择合适的应用环境的物理结构，即确定有效地实现逻辑结构模式的数据库存储模式，确定在物理设备上所采用的存储结构和存取方法，然后对该存储模式进行性能评价、修改设计，经过多次反复，最后得到一个性能较好的存储模式。

（1）确定物理结构

物理设计不仅依赖于用户的应用要求，而且依赖于数据库的运行环境，即DBMS和设备特性。数据物理设计内容包括记录存储结构的设计、存储路径的设计、集簇的设计。

1）记录存储结构的设计

逻辑模式表示的是数据库的逻辑结构，其中的记录称为逻辑记录，而存储记录则是逻辑记录的存储形式，记录存储结构的设计就是设计存储记录的结构形式，它涉及不定长数据项的表示、数据项编码是否需要压缩和采用何种压缩、记录间互联指针的设置、记录是否需要分割以节省存储空间等在逻辑设计中无法考虑的问题。

2）关系模式的存取方法选择

数据库系统是多用户共享的系统，对同一个关系要建立多条存取路径才能满足多用户的多种应用要求。

物理设计的第一个任务就是要确定选择哪些存取方法，即建立哪些存取路径。

DBMS常用存取方法有：索引方法（目前主要是B+树索引方法）、聚簇（Cluster）方法、HASH方法。

①索引方法

索引存取方法的主要内容：以哪些属性列建立组合索引，对哪些索引要设计为唯一索引。当然并不是越多越好，关系上定义的索引数过多会带来较多的额外开销，如维护的开销、查找索引的开销。

②聚簇

为了提高某个属性（或属性组）的查询速度，把这个或这些属性（称为聚簇码）上具有相同值的元组集中存放在连续的物理块称为聚簇。聚簇的用途：大大提高按聚簇属性进行查询的效率，如：假设学生关系按所在系建有索引，现在要查询信息系的所有学生名单。信息系的 500 名学生分布在 500 个不同的物理块上时，至少要执行 500 次 I/O 操作。如果将同一系的学生元组集中存放，则每读一个物理块可得到多个满足查询条件的元组，从而显著地减少了访问磁盘的次数。节省存储空间：聚簇以后，聚簇码相同的元组集中在一起了，因而聚簇码值不必在每个元组中重复存储，只要在一组中存一次就行了。

③ HASH 方法

当一个关系满足下列两个条件时，可以选择 HASH 存取方法：该关系的属性主要出现在等值连接条件中或相等比较选择条件中；该关系的大小可预知且关系的大小不变或该关系的大小动态改变但所选用的 DBMS 提供了动态 HASH 存取方法。

（2）评价物理结构

和前面几个设计阶段一样，在确定了数据库的物理结构之后，要进行评价，重点是时间和空间的效率。如果评价结果满足设计要求，则可进行数据库实施。实际上，往往需要经过反复测试才能优化物理设计。

1.2.6　数据库实施

数据库实施是指根据逻辑设计和物理设计的结果，在计算机上建立起实际的数据库结构，装入数据，进行测试和试运行的过程。数据库实施的工作内容包括：用数据定义语言（DDL）定义数据库结构，组织数据入库，编制与调试应用程序，数据库试运行。

（1）建立实际数据库结构

确定了数据库的逻辑结构与物理结构后，就可以用所选用的 DBMS 提供的 DDL 来严格描述数据库结构。

（2）装入数据

数据库结构建立好后，就可以向数据库中装载数据了。组织数据入库是数据库实施阶段最主要的工作。

数据装载方法有人工方法与计算机辅助数据入库方法两种。

1）人工方法

适用于小型系统，其步骤如下：

①筛选数据。需要装入数据库中的数据通常都分散在各个部门的数据文件或原始凭证中，所以首先必须把需要入库的数据筛选出来。

②转换数据格式。筛选出来的需要入库的数据，其格式往往不符合数据库的要求，还需要进行转换这种转换有时可能很复杂。

③输入数据。将转换好的数据输入计算机中。

④校验数据。检查输入的数据是否有误。

2）计算机辅助数据入库

适用于大中型系统，其步骤如下：

①筛选数据。

②输入数据。由录入人员将原始数据直接输入到计算机中。数据输入子系统应提供输入界面。

③校验数据。数据输入子系统采用多种检验技术检查出输入数据的正确性。

④转换数据。数据输入子系统根据数据库系统的要求，从录入的数据中抽取有用成分，对其进行分类，然后转换数据格式。抽取、分类和转换数据是数据输入子系统的主要工作，也是数据输入子系统的复杂性所在。

⑤综合数据。数据输入子系统对转换好的数据根据系统的要求进一步综合成最终数据。

（3）编制与调试应用程序

数据库应用程序的设计应该与数据库设计并行进行。在数据库实施阶段，当数据库结构建立好后，就可以开始编制与调试数据库的应用程序。调试应用程序时由于数据入库尚未完成，可先使用模拟数据。

（4）数据库试运行

应用程序调试完成，并且已有一小部分数据入库后，就可以开始数据库的试运行。数据库试运行也称为联合调试，其主要工作包括：

1）功能测试：实际运行应用程序，执行对数据库的各种操作，测试应用程序的各种功能。

2）性能测试：测量系统的性能指标，分析研究是否符合设计目标。

数据库物理设计阶段在评价数据库结构估算时间、空间指标时，做了许多简化和假设，忽略了许多次要因素，因此结果必然很粗糙。数据库试运行则是要实际测量系统的各种性能指标（不仅是时间、空间指标），如果结果不符合设计目标，则需要返回物理设计阶段，调整物理结构，修改参数；有时甚至需要返回逻辑设计阶段，调整逻辑结构。

重新设计物理结构甚至逻辑结构，会导致数据重新入库。由于数据入库工作量实在太大，所以可以采用分期输入数据的方法：

● 先输入小批量数据供先期联合调试使用。

● 待试运行基本合格后再输入大批量数据。

● 逐步增加数据量，逐步完成运行评价。

在数据库试运行阶段，系统还不稳定。硬、软件故障随时都可能发生。系统的操作人员对新系统还不熟悉，误操作还不可避免。因此必须做好数据库的转储和恢复工作，尽量减少对数据库的破坏。

（5）整理文档

在程序的编制和试运行中，应将发现的问题和解决方法记录下来，将它们整理存档为资料，供以后正式运行和改进时给用户，完整的资料是应用系统的重要组成部分。

1.2.7　数据库运行和维护

数据库试运行结果符合设计目标后，数据库就可以真正投入运行了。数据库投入运行标志着开发任务的基本完成和维护工作的开始，对数据库设计进行评价、调整、修改等维护工作是一个长期的任务，也是设计工作的继续和提高。

对数据库经常性的维护工作主要是由 DBA 完成的，包括 3 个方面的内容，即数据库的转储和恢复，数据库的安全性、完整性控制，数据库性能的监督、分析和改进。

（1）数据库的安全性、完整性控制

DBA 必须根据用户的实际需求授予不同的操作权限，在数据库运行过程中，由于应用环境的变化，对安全性的要求也会发生变化，DBA 需要根据实际情况修改原有的安全性控制。由于应用环境的变化，数据库的完整性约束条件也会变化，也需要 DBA 不断修正，以满足用户要求。

（2）监视并改善数据库性能

在数据库运行过程中，DBA 必须监督系统运行，对监测数据进行分析，找出改进系统性能的方法。

● 利用监测工具获取系统运行过程中一系列性能参数的值。

● 通过仔细分析这些数据，判断当前系统是否处于最佳运行状态。

● 如果不是，则需要通过调整某些参数来进一步改进数据库性能。

（3）数据库的重组织和重构造

为什么要重组织数据库？因为数据库运行一段时间后，由于记录的不断增、删、改，会使数据库的物理存储变坏，从而降低数据库空间的利用率和数据的存取效率，使数据库的性能下降。因此要对数据库进行重新组织，即重新安排数据的存储位置。DBMS 一般都提供了供重组织数据库使用的实用程序，帮助 DBA 重新组织数据库。

数据库的重组织，并不改变原设计的逻辑和物理结构，而数据库的重构造则不同，它是指部分修改数据库的模式和内模式。

由于数据库应用环境发生变化，增加了新的应用或新的实体，取消了某些旧的应用，有的实体与实体间的联系也发生了变化等，使原有的数据库设计不能满足新的需要，必须要调整数据库的模式和内模式。例如，在表中增加或删除某些数据项，改变数据项的类型，增加或删除某个表，改变数据库的容量，增加或删除某些索引等。当然数据库的重构造也是有限的，只能做部分修改。如果应用变化太大，重构造也无济于事，说明此数据库应用系统的生命周期已经结束，应该设计新的数据库应用系统。

1.2.8　小结

数据库设计方法这一任务中我们主要讨论数据库设计的方法和步骤，介绍了数据库设计的 6 个阶段：系统需求分析、概念结构设计、逻辑结构设计、物理设计、数据库及应用系统的实施、数据库及应用系统运行与维护。其中重点是概念结构设计和逻辑结构设计，这也是数据库设计过程中最重要的两个环节。

通过任务二的学习，要努力掌握书中讨论的基本方法和开发设计步骤，特别要能在实际的应用系统开发中运用这些思想，设计符合应用要求的数据库应用系统。

▶▶ 任务三　"学生管理信息系统"设计实例

前面详细介绍了数据库设计的全过程及设计各阶段的任务、步骤和方法，其重点是数据库的概念结构设计和逻辑结构设计。任务三仍使用前面的、对于学生来说最为熟悉的学生管理信息系统为例，来帮助大家进一步回顾、理解和掌握数据库设计的重要步骤及方法。

1.3.1　概念结构设计

学生管理信息系统的概念结构设计主要的要求应用见 1.2.3 小节的实例 1-2。分析应用需求的语义约束，标定两个局部应用的实例、实体的属性及实体间的联系、构建两个局部应用的局部 E-R 图，见图 1-12 和图 1-13。然后将两个局部应用的局部 E-R 图进行合并，消除冲突和冗余,得到高校学生管理信息系统的全局 E-R 图模型，见图 1-14。该 E-R 模型图是面向用户的模型，独立于具体的 DBMS。要最终实现数据库，还必须按照一定规则将该模型转换成具体 DBMS 支持的数据模型（本例中采用关系模型）及数据库逻辑模式。

1.3.2　逻辑结构设计

根据 1.2.4 小节介绍的转换规则，将图 1-14 所示的高校学生管理信息系统的 E-R 模型转换成等价的关系模型，即一组关系模型的集合。为了便于接下来的数据库实施，下面给出各个关系模式的具体描述，如表 1-10 至表 1-16。其中，考虑到有的 DBMS 不支持汉字，各个关系模式的属性名称均用英文字符表示，原中文属性名作为英文属性名的中文含义注释。

表 1-10　学生信息数据表（Stuinfo）

属性名称	中文含义	数据类型	宽度	可否为空	备注
StuNo	学号	bigint	10	否	主码
DepartMent	院系	varchar	20	否	
Class	班级	varchar	20	否	
Name	姓名	varchar	20	否	
Sex	性别	Char(2)	2		
BirthDay	生日	日期 / 时间	—		
NativePlace	籍贯	varchar	50		

表 1-11　学生成绩数据表（Score）

属性名称	中文含义	数据类型	宽度	可否为空	备注
StuNo	学号	bigint	10	否	主码、外码
Name	姓名	varchar	20	否	
CourseNo	课程号	varchar	8	否	主码、外码
Score	成绩	numeric	4,1		

表 1-12　学籍变更数据表（Change）

属性名称	中文含义	数据类型	宽度	可否为空	备注
StuNo	学号	bigint	10	否	主码、外码
Name	姓名	varchar	20	否	
Class	班级	varchar	20		
DepartMent	院系	varchar	20		
ChangeName	学籍变更项	varchar	20		
ChangeTime	学籍变更时间	日期 / 时间	—		
Remark	备注	varchar	50		

表 1-13　学生奖励数据表（Encourage）

属性名称	中文含义	数据类型	宽度	可否为空	备注
EncourageId	编号	bigint	10	否	主码
StuNo	学号	bigint	10	否	外码
Name	姓名	varchar	20	否	
Class	班级	varchar	20		
DepartMent	院系	varchar	20		
EncourageName	奖励项	varchar	20		
EncourageTime	奖励时间	日期 / 时间	—		

表 1-14　学生处罚数据表（Punish）

属性名称	中文含义	数据类型	宽度	可否为空	备注
PunishId	编号	bigint	10	否	主码
StuNo	学号	bigint	10	否	外码
Name	姓名	varchar	20	否	
Class	班级	varchar	20		
DepartMent	院系	varchar	20		
PunishName	处罚项	varchar	20		
PunishTime	处罚时间	日期 / 时间	—		

表 1-15 学生离校数据表（LeaveSchool）

属性名称	中文含义	数据类型	宽度	可否为空	备注
StuNo	学号	bigint	10	否	主码、外码
Name	姓名	varchar	20	否	
Class	班级	varchar	20		
DepartMent	院系	varchar	20		
LeaveCause	离校原因	varchar	20	否	
Leavetime	离校时间	日期/时间	—	否	

表 1-16 课程表（Course）

属性名称	中文含义	数据类型	宽度	可否为空	备注
CourseNo	课程号	varchar	10	否	主码
CourseName	课程名	varchar	20	否	
Ctype	课程类型	char	8	否	
Chour	学时	Int			
Credit	学分	numeric	2,1		

1.3.3 数据实施

根据表 1-10 至表 1-16 所示的高校学生管理信息系统数据逻辑模型中各个关系模式的描述，利用 SQL 创建数据库中的各数据库表。下面以 SQL Server 为例，给出各数据库表的创建语句。

创建数据库表所用的 SQL 语句如下：

```
create database StuInfoManagement
go

create table StuInfo
(
StuNo int identity(1,1) primary key,
DepartMent varchar (20) not null,
Class varchar(20) not null,
```

41

```
Name varchar(20) not null,
Sex char(2),
BirthDay datetime,
NativePlace varchar(50)
)
go

create table Change
(
StuNo int identity(1,1) primary key,
Name varchar(20) not null,
Class varchar(20) not null,
DepartMent varchar(20),
ChangeName varchar(20),
ChangeTime datetime,
Remark varchar(50)
)
go

create table Encourage
(
EncourageId int identity(1,1) primary key
StuNo int not null,
Name varchar(20) not null,
Class varchar(20),
DepartMent varchar(20),
EncourageName varchar(20),
EncourageTime datetime
)
go

create table Punish
(
PunishId int identity(1,1) primary key,
```

```
StuNo int not null,
Name varchar(20) not null,
Class varchar(20),
DepartMent varchar(20),
PunishName varchar(20),
PunishTime datetime
)
go

create table Score
(
StuNo int identity(1,1) primary key,
Name varchar(20) not null,
CourseNo varchar(8) not null,
Score numeric(4,1)
)
go

create table LeaveSchool
(
StuNo int identity(1,1) primary key,
Name varchar(20) not null,
Class varchar(20),
Department varchar(20),
LeaveCause varchar(20)not null,
LeaveTime datetime not null
)
go

create table Course
(
CourseNo varchar(10) primary key,
CourseName varchar(20) not null,
Ctype char(8) not null,
```

```
Chour int,
Credit numeric (2,1)
)
```

1.3.4 小结

项目一主要讨论了数据库设计的一般方法和步骤，介绍了数据库设计的全过程，并详细介绍了数据库设计各个阶段的任务、方法和步骤；最后，以"学生管理信息系统"为实例说明数据库设计的全过程，帮助和引导读者对理论知识加以应用。

数据库设计分为需求分析、概念结构设计、逻辑结构设计、数据库物理设计、数据库实施、数据库运行与维护六个阶段。

需求分析是整个数据库设计的起点和基础，该阶段调查、分析、综合各个用户的应用需求，并用数据流图和数据字典描述数据，最后形成需求分析说明书作为后续设计的依据。

概念结构设计是数据库设计的关键，该阶段在需求分析的基础上，形成独立于具体机器和 DBMS 的数据库概念模式，并用 E-R 图描述。

逻辑结构设计阶段将用 E-R 图描述的概念模式转换为特定的 DBMS 支持的数据模式（如关系模式），形成数据库逻辑模式，然后根据用户处理要求和安全性考虑，在基本表的基础上建立必要的视图，形成数据库的外模式。

物理设计阶段根据 DBMS 特点和处理要求，进行物理存储安排、建立索引等，形成数据库的内模式。

实施阶段完成数据库结构的建立和应用程序的设计，装入原始数据，进行数据库的试运行。

运行与维护阶段包括数据库的性能检测与改善，数据的转储和恢复，必要时进行数据库的重组和重构。

其中，概念结构设计和逻辑结构设计是数据库设计过程中最重要的两个环节，也是本项目的重点。通过对本项目的学习，读者应努力掌握本项目介绍的基本方法，在实际工作中熟练运用，设计符合应用需求的数据库管理系统。

▶▶ 上机实战

1. 某学校实行学分制，学生可根据自己的情况选修课程，每名学生可同时选修多门课程，每门课程可由多位教师讲授，每位教师可讲授多门课程。其不完善的 E-R

图如图 1-15 所示。

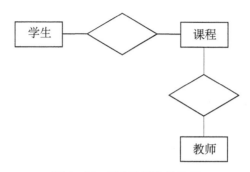

图 1-15 学生选课的 E-R 图

（1）指出学生与课程的联系类型，完善 E-R 图。

（2）指出课程与教师的联系类型，完善 E-R 图。

（3）若每名学生由一位教师指导，每个教师指导多名学生，则学生与教师有何联系？

（4）在原 E-R 图上补画教师与学生的联系，完善 E-R 图。

2.设有一个图书出版社销售管理系统，其中涉及的数据有：

● 图书的书号、书、作者姓名；

● 出版社名称、地址、联系电话；

● 书店的名、地址及其经销图书的销售数量。

其中，每一种图书只能由一家出版社负责出版印刷，但可由多家书店销售；每家书店可以经销各种图书。请完成如下设计：

（1）画出该数据库的 E-R 模型图。

（2）将上述 E-R 模型图转换成关系模式。

3.假设需要建立一个运动会的数据库系统，其中涉及的信息有：

● 每个代表团的编号、代表团的名称、代表团的团长姓名；

● 每个运动员的编号、姓名、性别、年龄；

● 每个竞赛项目的项目编号、名称、比赛地点、比赛时间、各参赛运动员的成绩。

其中，一个运动员可参加多个项目的比赛，一个项目可以允许多个运动员参与竞赛，一个代表团可以有多名运动员，一个运动员只能属于一个代表团。请完成如下设计：

（1）设计出该数据库的 E-R 图。

（2）将上述的 E-R 图转换成关系模式。

▶▶ 疑难解答

1. 数据冗余能产生什么问题？

答：数据冗余度大会造成浪费存储空间的问题，使数据的存储、管理和查询都不容易实现。同时，由于文件系统中相同的数据需要重复存储和各自管理，数据冗余度大还会给数据的修改和维护带来麻烦和困难，还特别容易造成数据不一致的恶果。数据冗余度大时，由于数据重复出现，还使得数据统计的结果不准确。

2. 规范化理论对数据库设计有什么指导意义？

答：规范化理论为数据库设计人员判断关系模式优劣提供了理论标准，可用以指导关系数据模型的优化，用来预测模式可能出现的问题，为设计人员提供了自动产生各种模式的算法工具，使数据库设计工作有了严格的理论基础。

3. 需求分析阶段调查内容是什么？

答：需求分析调查的具体内容有三个方面：

（1）数据库中的信息内容：数据库中需存储哪些数据，它包括用户将从数据库中直接获得或者间接导出的信息的内容和性质。

（2）数据处理内容：用户要完成什么数据处理功能，用户对数据处理响应时间的要求，数据处理的工作方式。

（3）数据安全性和完整性要求：数据的保密措施和存取控制要求，数据自身的或数据间的约束限制。

4. E-R 图转换为关系模型的转换规则是什么？

答：E-R 图转换为关系模型的转换规则为：

（1）一个实体集转换为关系模型中的一个关系，实体的属性就是关系的属性，实体的关键字就是关系的关键字，关系的结构是关系模式。

（2）一个 1∶1 联系可以转换为一个独立的关系，也可以与任意一端实体集所对应的关系合并。如果将 1∶1 联系转换为一个独立的关系，则与该联系相连的各实体的关键字及联系本身的属性均转换为关系的属性，且每个实体的关键字均是该关系的候选关键字。如果将那个 1∶1 联系与某一端实体所对应的关系合并，则需要在被合并关系中增加属性，其新增的属性为联系本身的属性及与联系相关的另一个实体的关键字。

（3）实体间的 1∶n 联系可以有两种转换方法：一种方法是将联系转换为一个独立的关系，其关系的属性由该联系相连的各实体集的关键字及联系本身的属性组成，而该关系的关键字为 n 端实体的关键字；另一种方法是在 n 端实体集中增加新属性，新属性由联系对应的 1 端实体集的关键字和联系自身的属性构成，新增属性后原关系的关键字不变。

（4）一个 m：n 联系转换为一个关系：与该关系相连的各实体集的关键字及联系本身的属性均转换为关系的属性，新关系的关键字为两个相连实体关键字的组合。

5. 数据库概念结构设计的重要性和设计步骤是什么？

答：概念结构设计是将系统需求分析得到的用户需求抽象为信息结构过程。概念结构设计的结果是数据库的概念模型。概念结构能转换为机器世界中的数据模型，并用 DBMS 实现这些要求。概念结构设计可分为两步：第一步是抽象数据并设计局部视图；第二步是集成局部视图，得到全局的概念结构。

▶ 习题

1. 填空题

（1）数据依赖主要包括_____依赖、_____依赖和连接依赖。

（2）一个不好的关系模式会存在_____、_____和_____等弊端。

（3）设 X → Y 为 R 上的一个函数依赖，若_____，则称 Y 完全函数依赖于 X。

（4）设关系模式 R 上有函数依赖 X → Y 和 Y → Z 成立，若_____且_____，则称 Z 传递函数依赖于 X。

（5）设关系模式 R 的属性集为 U，K 为 U 的子集，若_____，则称 K 为 R 的候选键。

（6）包含 R 中的全部属性的候选键称_____。不在任何候选键中的属性称_____。

（7）第三范式是基于_____依赖的范式，第四范式是基于_____依赖的范式。

（8）关系数据库中的关系模式至少应属于_____范式。

（9）规范化过程，是通过投影分解，把_____的关系模式"分解"为_____的关系模式。

（10）在需求分析阶段，常用_____描述用户单位的业务流程。

2. 选择题

（1）关系模式中数据依赖问题的存在，可能会导致数据库中数据插入异常，这是指（　　）。

    A. 插入了不该插入的数据

    B. 数据插入后导致数据库处于不一致状态

    C. 该插入的数据不能实现插入

　　D. 以上都不对

（2）若属性 X 函数依赖于属性 Y 时，则属性 X 与属性 Y 之间具有（　　）的联系。

　　A. 一对一　　　　B. 一对多　　　　C. 多对一　　　　D. 多对多

（3）关系模式中的候选键（　　）。

　　A. 有且仅有一个　　　　　　　　B. 必然有多个

　　C. 可以有一个或多个　　　　　　D. 以上都不对

（4）规范化的关系模式中，所有属性都必须是（　　）。

　　A. 相互关联的　　　　　　　　　B. 互不相关的

　　C. 不可分解的　　　　　　　　　D. 长度可变的

（5）设关系模式 R{A, B, C, D, E}，其上函数依赖集 F={AB → C, DC → E, D → B}，则可导出的函数依赖是（　　）。

　　A.AD → E　　　　B.BC → E　　　　C.DC → AB　　　　D.DB → A

（6）设关系模式 R 属于第一范式，若在 R 中消除了部分函数依赖，则 R 至少属于（　　）。

　　A. 第一范式　　　B. 第二范式　　　C. 第三范式　　　　D. 第四范式

（7）若关系模式 R 中的属性都是主属性，则 R 至少属于（　　）。

　　A. 第三范式　　　B.BC 范式　　　　C. 第四范式　　　　D. 第五范式

（8）下列关于函数依赖的叙述中，（　　）是不正确的。

　　A. 由 X → Y, X → Z, 有 X → YZ

　　B. 由 XY → Z, 有 X → Z 或 X → Z

　　C. 由 X → Y, WY → Z, 有 XW → Z

　　D. 由 X → Y 及 Z ⊆ Y, 有 X → Z

（9）在关系模式 R{A, B, C} 中，有函数依赖集 F={AB → C, BC → A}，则关系 R 最高达到（　　）。

　　A. 第一范式　　　B. 第二范式　　　　C. 第三范式　　　　D.BC 范式

（10）设有关系模式 R{A, B, C}，其函数依赖集 F={A → B, B → C}，则关系 R 最高达到（　　）。

　　A.1NF　　　　　B.2NF　　　　　　C.3NF　　　　　　　D.BCNF

（11）下列对数据库应用系统设计的说法正确的是（　　）。

　　A. 必须先完成数据库的设计，才能开始对数据处理的设计

　　B. 应用系统用户不必参与设计过程

　　C. 应用程序员可以不必参与数据库的概念结构设计

　　D. 以上都不对

（12）在需求分析阶段，常用（　　）描述用户单位的业务流程。

A. 数据流图　　　　　　　　　B. E-R 图

C. 程序流图　　　　　　　　　D. 判定表

（13）下列对 E-R 图设计的说法中错误的是（　　）。

  A. 设计局部 E-R 图时，能作为属性处理的客观事物应尽量作为属性处理

  B. 局部 E-R 图中的属性均应为原子属性，即不能再细分为子属性的组合

  C. 对局部 E-R 图集成时既可以一次实现全部集成，也可以两两集成，逐步
进行

  D. 集成后所得的 E-R 图中可能存在冗余数据和冗余联系，应予以全部清除

（14）下列属于逻辑结构设计阶段任务的是（　　）。

  A. 生成数据字典

  B. 集成局部 E-R 图

  C. 将 E-R 图转换为一组关系模式

  D. 确定数据存取方法

（15）将一个一对多联系型转换为一个独立关系模式时，应取（　　）为关键字。

  A. 一端实体型的关键属性

  B. 多端实体型的关键属性

  C. 两个实体型的关键属性的组合

  D. 联系型的全体属性

（16）将一个 M 对 N（M>N）的联系型转换成关系模式时，应（　　）。

  A. 转换为一个独立的关系模式

  B. 与 M 端的实体型所对应的关系模式合并

  C. 与 N 端的实体型所对应的关系模式合并

  D. 以上都可以

（17）在从 E-R 图到关系模式的转化过程中，下列说法错误的是（　　）。

  A. 一个一对一的联系型可以转换为一个独立的关系模式

  B. 一个涉及 3 个以上实体的多元联系也可以转换为一个独立的关系模式

  C. 对关系模型优化时有些模式可能要进一步分解，有些模式可能要合并

  D. 关系模式的规范化程序越高，查询的效率就越高

（18）对数据库的物理设计优劣评价的重点是（　　）。

  A. 时空效率　　　　　　　　　B. 动态和静态性能

  C. 用户界面的友好性　　　　　D. 成本和效益

（19）下列不属于数据库物理结构设计阶段任务的是（　　）。

  A. 确定选用的 DBMS　　　　　B. 确定数据的存放位置

  C. 确定数据的存取方法　　　　D. 初步确定系统配置

(20) 确定数据的存储结构和存取方法时，下列策略中（　　）不利于提高查询效率。

    A. 使用索引

    B. 建立聚簇

    C. 将表和索引存储在同一磁盘上

    D. 将存取频率高的数据与存取频率低的数据存储在不同磁盘上

3. 思考题

(1) 常用的数据库设计方法有哪些？

(2) 数据库设计过程及各阶段的任务是什么？

(3) 需求分析的步骤、常用的需求调查方法有哪些？

(4) 什么是数据流图和数据字典？各自的作用是什么？

(5) 视图集成法设计概念结构的基本步骤是什么？

(6) 什么是 E-R 模型，E-R 模型的主要组成有哪些？

(7) 视图集成过程中，要解决的冲突主要有哪些？

(8) 实体 E-R 模型转换为关系模型的规则是什么？

4. 上机题

(1) 一个图书管理信息系统中有如下信息：

图书：书号、书名、作者、数量、位置

借书人：借书书证号、姓名、单位

出版社：出版社名称、邮编、地址、联系电话、E-mail

    其中约定：任何人可以借多种书，任何一种书可以被多人借，借书或还书时都要登记相应的借书日期或还书日期；一个出版社可以出版多种书籍，同一本书仅为一个出版社出版，出版社名有唯一性。

    根据以上情况进行如下设计：

    ①设计系统的 E-R 图；

    ②将 E-R 图转换成关系模式；

    ③指出转换后关系模式的关系键。

(2) 有如下运动队与运动会两个方面的实体：

运动队方面：

运动队：队名、教师姓名、队员姓名

队员：队名、队员姓名、性别、项名

    其中一个运动队有多名队员，一个队员只属于一个运动队，一个队有一个教练。

运动会方面：

运动队：队编号、队名、教练姓名

项目：项目名、参加运动队的编号、队员姓名、性别、比赛场地

其中，一个项目可由多个运动队参加，一个运动员可以参加多个项目，一个项目一个比赛场地。

根据以上情况请完成如下设计：

①分别设计出运动队和运动会两个局部的 E-R 图；

②将它们合并成为一个全局的 E-R 图；

③合并时存在哪些冲突，你是如何解决的。

项目二

创建、管理 SQL Server 数据库

应用程序的开发，规划、设计出一个好数据库是非常关键的。SQL Server 数据库存储的不仅是数据，与数据处理相关的操作、管理等信息也都存储在数据库中。因此，数据库的管理是一个非常重要的功能。本项目主要介绍创建和管理 SQL Server 数据库的方法。

项目要点：

- SQL Server 2000 的安装与配置
- 创建"学生管理信息系统"数据库
- 掌握服务管理器的使用
- 管理"学生管理信息系统"数据库

▶▶ 任务一 SQL Server 的安装与配置

微软的 SQL Server 是一个大型的关系数据库系统，它与 Microsoft Windows server 操作系统相结合，在复杂环境下为企业应用提供了一个安全、可扩展、易管理、高性能的客户/服务器数据库平台。

作为一个多层的客户/服务器数据库系统，SQL Server 数据库驻留在一个中央计算机上，该计算机被称为服务器。用户通过客户机的应用程序来访问服务器上的数据库，在被允许访问数据库之前，SQL Server 首先对来访的用户请求做安全性验证，验证通过后才处理请求，并将处理的结果返回给客户机应用程序。这种处理方式也是大多数客户/服务器系统所使用的，即客户机向服务器提出请求，服务器分析处理请求，并将结果返回给客户机。

SQL Server 2000 是在 SQL Server 7.0 版的基础上进行了扩展，它的可靠性和易用性都得到了增强，并增加了一些新的功能，已成为数据仓库和电子商务应用软件

的数据库平台。

2.1.1 硬件和操作系统要求

若要安装 SQL Server 服务器或 SQL Server 客户端管理工具，计算机必须满足下列硬件和软件配置要求。

（1）硬件最低要求

1）CPU：Pentium166 MHz 或更高。

2）内存：至少 64 MB，建议 128 MB 或更多。根据笔者的经验，内存容量可以和数据容量保持 1:1 的比例，这样可以更好地发挥其效能。

3）硬盘空间：需要约 500 MB 的程序空间，以及预留 500 M 的数据空间。

4）显示器：至少需要设置成 800×600 模式，才能使用其图形分析工具。

（2）操作系统要求

SQL Server 2000 包括企业版、标准版、个人版和开发版四个版本，它们分别支持不同版本的操作系统。

1）企业版：该版本可以作为生产数据库服务器使用，支持 SQL Server 2000 的所有可用功能。

该版本可以在以下操作系统平台上运行：Windows NT Server 4.0、Windows NT Server 4.0 企业版、Windows 2000 Server、Windows 2000 Advanced Server 和 Windows 2000 Data Center Server。

2）标准版：该版本可以作为小型工作组或部门的数据库服务器使用。

它可以在下列操作系统平台上运行：Windows NT Server 4.0、Windows NT Server 企业版、Windows 2000 Server、Windows 2000 Advanced Server 和 Windows 2000 Data Center Server。

3）个人版：该版本可以供移动用户使用。

它可以在下列操作系统平台上运行：Windows 98、Windows Me、Windows NT Workstation 4.0、Windows 2000 Professional、Windows NT Server 4.0、Windows 2000 Server 和所有更高级的 Windows 操作系统。

4）开发版：该版本可以供程序员来开发以 SQL Server 2000 作为数据存储的应用程序，它只能作为开发和测试系统使用，而不能作为生产服务使用。

该版本可以在以下操作系统平台上运行：Windows NT Workstation 4.0、Windows 2000 Professional 和其他 Windows NT 或 Windows 2000 操作系统。

注 意

SQL Server 的某些功能要求在 Microsoft Windows 2000 Server 以上的版本才能运行，因此大家安装 Windows Server 2000（建议为 Advanced 版本），可以学习和使用到 SQL Server 的更多功能，以及享受更好的性能。

2.1.2 安装步骤

（1）运行安装程序。安装 SQL Server 需要运行位于 SQL Server 安装光盘上的安装程序。该光盘中自动启动程序位于该盘的根目录中，当安装光盘自动启动时出现如图 2-1 所示的画面。

图 2-1 安装初始界面

（2）选择安装组件。若要安装标准 SQL Server，可以选择【安装数据库服务器】。在这里要安装 SQL 服务器或客户端工具，故选择【安装数据库服务器】选项。接着 SQL Server 安装向导的欢迎对话框将到下一个屏幕上。单击【下一步】按钮继续安装过程。

（3）选择安装位置。当选择【安装数据库服务器】选项时，则出现欢迎对话框，如图 2-2 所示，在此对话框中单击【下一步】按钮，则出现【计算机名】对话框，如图 2-3 所示。

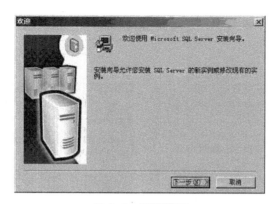

图 2-2　欢迎界面

如果是第一次安装 SQL Server 2000，则用计算机名称作为 SQL Server 默认实例名。接着 SQL Server 选择安装在哪台计算机中。在这里我们选择【本地计算机】选项，单击【下一步】按钮，进入【安装选择】对话框，如图 2-4 所示。

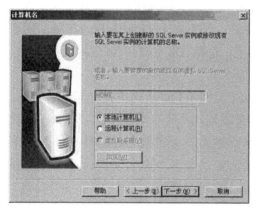

图 2-3　选择本地安装还是远程安装

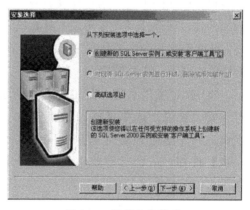

图 2-4　选择安装模式

（4）选择安装方式。若要安装一个新的 SQL Server 实例时选第一项，若对现有实例升级、增 / 删组件选第二项。若要创建一个可自动执行 SQL Server 2000 安装的脚本（一个 .ISS 类型的文件）的话，或希望对系统注册表进行重建（即在注册表中不加入 SQL Server 安装的信息），或想要对现存的 SQL Server 群集（如增加或删除某个群集）进行调整，则可以在图 2-4 中选择【高级选项】。在这里选择一项，然后单击【下一步】按钮。

（5）填写用户信息。在图 2-5 所示的【用户信息】对话框中，填入用户姓名和公司名称，然后单击【下一步】按钮。

（6）允许许可证协议。在图2-6所示的【软件许可证协议】对话框中，单击【是】按钮，以进入下一步。

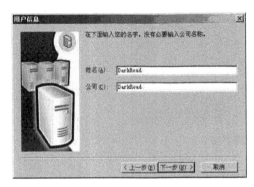

图2-5　用户信息界面

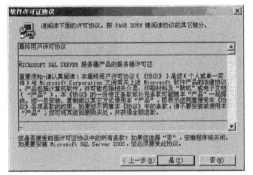

图2-6　软件许可证协议界面

（7）选择安装定义。在如图2-7所示的【安装定义】对话框中，若要安装服务器端和客户端的工具，则选择【服务器和客户端工具】单选按钮；若只需要安装客户端工具，则选择【仅客户端工具】单选按钮；若选择【仅连接】单选按钮，则是要安装网络库和微软的数据访问组件。在这里，选择【服务器和客户端工具】选项，然后单击【下一步】按钮。

（8）指定实例名称。在如图2-8所示的【实例名】对话框中指定实例的名称。对于安装来说，选中【默认】复选框。若希望创建一个命名的SQL Server 2000实例，则不选定该复选框并在实例文本框中输入一个实例名称，然后单击【下一步】按钮。一台计算机上可安装一个默认实例和多个命名实例，它们完全独立运行。

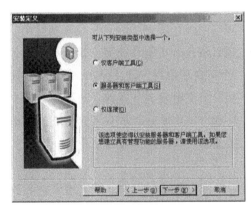

图2-7　安装类型选择界面

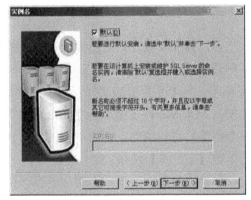

图2-8　实例名界面

（9）指定安装类型和安装路径。在如图 2-9 所示的【安装类型】对话框，指定安装类型和安装文件的位置，然后单击【下一步】按钮。

如果选择【典型】选项，则使用默认安装选项安装整个 SQL Server，建议多数用户采用此安装类型；如果选择【最小】选项，则安装运行 SQL Server 所需的最小配置；如果选择【自定义】选项，则可以根据需要来选择要安装的组件和子组件。或者更改排序规则、服务账户、身份验证或网络库的设置。

在默认的情况下，程序文件安装在目录 C:\program Files\Microsoft SQL Server 下；数据文件安装在目录 C:\program Files\Microsoft SQL Server 下。也可以单击【浏览】按钮，以更改安装目录。

其中，典型安装的内容包括所有管理工具和联机文档，但全文检索、开发工具或案例等不包括在内。最小安装仅安装最基本的 SQL Server 组件，其所需空间仅为 210 MB，不包括用户数据库，其原因是最小安装不载入联机文档和所有的管理工具。自定义安装的内容与典型安装类似，但可以修改如代码页各网络库之类的属性，并增加像全文检索、开发工具和案例之类的额外组件。

（10）选择身份验证模式。在如图 2-10 所示的【身份验证模式】对话框中选择身份验证的方式。通过选择对应的单选按钮可指定可选模式之一：混合 (Mixed) 验证或 Windows 验证。当在 Windows 9× 操作系统下 SQL Server 只能选混合模式，在 Windows 2000/NT 操作系统下两项都可选。如果使用空密码（不推荐），则要选中【空密码】复选框。选择相应的模式后，单击【下一步】按钮继续安装。

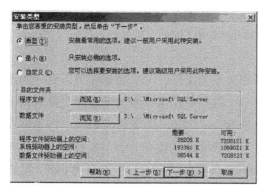

图 2-9　选择安装类型和路径界面

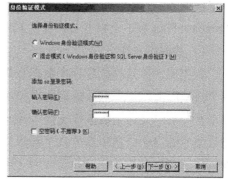

图 2-10　身份验证界面

（11）在如图 2-11【选择许可模式】窗口，根据您购买的类型和数量输入（0 表示没有数量限制）。【每客户】表示同一时间最多允许的连接数，【处理器许可证】表示该服务器最多能安装多少个 CPU。笔者这里选择了【每客户】并输入了 100 作为示例。

（12）然后就是 10 分钟左右的安装时间，安装完毕后，出现界面如图 2-12。

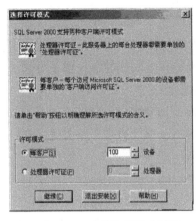

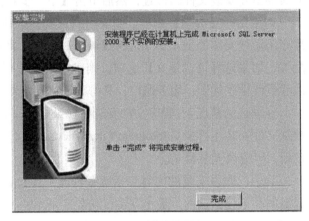

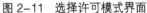

图 2-11　选择许可模式界面　　　　　　图 2-12　安装完成界面

▶▶ 任务二　创建"学生管理信息系统"数据库

2.2.1　文件与文件组

（1）文件

数据库是以文件形式存储在磁盘上的。一个数据库至少应包含一个数据库文件（Database File）和一个事务日志文件（Transaction Log File）。

1）数据库文件

数据库文件是存放数据库数据和数据库对象的文件。一个数据库可以有一个或多个数据库文件，一个数据库文件只属于一个数据库。当有多个数据库文件时，有一个文件被定义为主数据库文件（Primary Database File），扩展名为 .mdf，它用来存储数据库的启动信息和部分或全部数据，一个数据库只能有一个主数据库文件。其他数据库文件被称为次数据库文件（Secondary Database File），扩展名为 .ndf，用来存储主文件没存储的其他数据。

采用多个数据库文件来存储数据的优点体现在：

①数据库文件可以不断扩充，而不受操作系统文件大小的限制。

②可以将数据库文件存储在不同的硬盘中，这样可以同时对几个硬盘做数据存取，提高了数据处理的效率。这对于服务器型的计算机尤为有用。

2）事务日志文件

事务日志文件是用来记录数据库更新情况的文件，扩展名为 .ldf。例如使用

INSERT、UPDATE、DELETE 等对数据库进行更新操作都会记录在此文件中，而如
SELECT 等对数据库内容不会有影响的操作则不会记录在案。一个数据库可以有一
个或多个事务日志文件。

SQL Server 中采用"Write-Ahead（提前写）"方式的处理事务，即对数据库的
修改先写入事务日志中，再写入数据库。其具体操作是，系统先将更改操作写入事
务日志中，再更改存储在计算机缓存中的数据。为了提高执行效率，此更改不会立
即写到硬盘中的数据库，而是由系统以固定为"4"的时间间隔执行 CHECKPOINT
命令，将更改过的数据批量写入硬盘。SQL Server 的特点是在执行数据更改时会设
置一个开始点和一个结束点，如果尚未到达结束点就因某种原因使操作中断，则在
SQL Server 重新启动时会自动恢复已修改的数据，使其返回未被修改的状态。由此
可见，当数据库破坏时，可以用事务日志恢复数据库内容。

（2）文件组

文件组（File Group）是将多个数据库文件集合起来形成的一个整体。每个文件
组有一个组名，与数据库文件一样，文件组也分为主文件组（Primary File Group）
和次文件组（Secondary File Group）。一个文件只能存在于一个文件组中，一个文
件组也只能被一个数据库使用。主文件组中包含了所有的系统表。当建立数据库时，
主文件组包括主数据库文件和未指定组的其他文件。在次文件组中可以指定一个缺
省文件组，那么在创建数据库对象时如果没有指定将其放在哪一个文件组中，就会
将它放在缺省文件组中。如果没有指定缺省文件组则主文件组为缺省文件组。

注意

事务日志文件不属于任何文件组。

2.2.2 使用企业管理器创建数据库

在实际操作中，绝大多数的管理性工作都会使用企业管理器来完成，数据库的
创建操作也不例外。

注意

创建数据库的用户将成为数据库的所有者（Owner）。
最多可以在一台服务器上创建 32 767 个数据库。
创建一个新数据库后，请务必备份 master 数据库。

创建步骤如下：

（1）选择【开始】|【程序】|【Microsoft SQL Server】|【企业管理器】，以启动 SQL Server 企业管理器，如图 2-13 所示，启动后界面如图 2-14 所示。

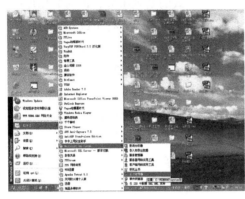
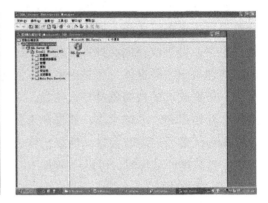

图 2-13　启动企业管理器界面　　　　　图 2-14　企业管理器主界面

（2）在【企业管理器】的【树】窗格中，依次展开【Microsoft SQL Server】和【SQL Server 组】，然后展开要在其上创建库的服务器，单击【数据库】节点，再从【操作】菜单中选择【新建数据库】命令，或者在工具栏上单击【新建】按钮，也可以右击鼠标，在弹出的快捷菜单中选择【新建数据库】命令，如图 2-15 所示。

（3）出现如图 2-16 所示的【数据库属性】对话框，它由【常规】、【数据文件】、【事务日志】三个标签组成。选择【常规】标签，并在【名称】文本框中输入要创建的数据库名称。这里输入数据库的名称为【学生管理信息系统】。对话框变成如图 2-17 所示。

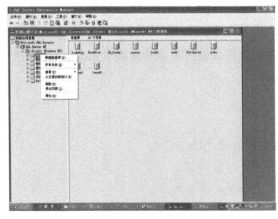

图 2-15　新建数据库界面　　　　　图 2-16　数据库属性界面

（4）选择【数据文件】标签，在【数据库文件】列表框中指定该数据库的文件名、存放路径、初始容量及所属的文件组，如图 2-18 所示。

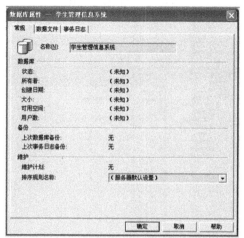

图 2-17　输入数据库名称

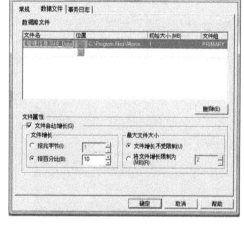

图 2-18　设置数据文件的属性

若将数据库的文件名指定为【学生管理信息系统】，则 SQL Server 将对相应的数据库使用一些默认值：文件名为学生管理信息系统 _Data.mdf，存放路径为 SQL Server 安装文件夹下的 MSSQL\data 子文件夹，初始容量为 1 MB，第一个数据文件总属于 PRIMARY 文件组，而且文件组不可更改。如果不想使用这些默认设置，也可以自行指定数据库文件名、存放路径和初始容量。

SQL Server 数据库也可以存储在多个文件中。此时可以在【文件名】列的第二或第三行中指定另一个数据库文件的文件名、存放路径和初始容量。应注意的是，除第一行是主数据文件（扩展名称 .mdf）外，其他数据文件为次数据文件（扩展名称 .ndf）；主数据文件只能属于 PRIMARY 文件组，默认时次数据文件也属于 PRIMARY 文件组，但可以修改其文件组。修改方法为：用鼠标单击相应行的【文件组】列，当出现竖条光标以后，再输入相应文件组的名称。

（5）如果希望数据库文件夹容量按照实际需要自动增加，可以选定【文件自动增长】复选框并选择增长方式为【按兆字节】或【按百分比】。

（6）设置数据库文件容量的增加是否有上限。如果要使数据库文件增长没有上限，可以选择【文件增长不受限制】选项按钮；如果要对数据库文件容量的增加设置一个上限，可以选择【将文件增长限制为（MB）】复选框，并输入或选择一个上限值。

（7）选择【事务日志】标签，对事务日志文件的文件名、存放路径、初始大小和其他属性进行设置，如图 2-19 所示。

(8) 单击【确定】按钮，关闭【数据库属性】对话框。

此时，在 SQL Server 企业管理器中可以看到所创建的数据库。如果在【树】窗格中单击该数据库图标，则可以看到该数据库中包含的对象，如图 2-20 所示。

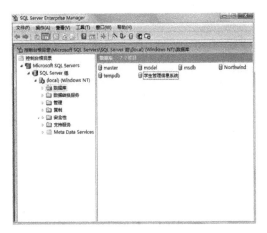

图 2-19　设置事务日志文件的属性　　　　图 2-20　新建的数据库 学生信息管理系统

2.2.3　用 CREATE DATABASE 语句创建数据库

除使用【企业管理器】创建数据库外，也可以在查询分析器中使用 CREATE DATABASE 语句创建数据库。CREATE DATABASE 语句的完整格式较复杂，请查看有关参考资料。其常用的语法格式为：

```
CREATE DATABASE 数据库名
        [ON] [PRIMARY/ 文件组名称 ]
        { ([NAME= 数据文件的逻辑名称，]
        FILENAME=' 数据文件的物理名称 '
        [，SIZE= 数据文件的初始大小 ]
        [，MAXSIZE= 数据文件的最大容量 ]
        [，FILEGROWTH= 数据文件的增长量 ]}[，…n]
        [LOG ON]
        {[NAME= 事务日志文件的逻辑名称，]
        FILENAME=' 事务日志文件的物理名称 '
        [，SIZE= 事务日志文件的初始大小 ]
        [，MAXSIZE= 事务日志文件的最大值 ]
        [，FILEGROWTH= 事务日志文件的增长量 ]) }[，…n]
```

在以上语法格式中，"[ ]"表示该项可省略，省略时各参数取默认值，创建数据库最简单的语句是"CREATE DATABASE 数据库名"，"{ }[，…n]"表示大括号括起的内容可以重复书写多次。ON 关键字表示数据库是根据后面的来创建的；PRIMARY 关键字指定后面数据文件加入主文件组中（PRIMARY 组），也可加入用户自创建的文件组中。LOG ON 子句用于指定该数据库的事务日志；SIZE 子句用于指定文件的初始容量，可以加上 MB 或 KB，表示容量单位，默认为 MB；MAXSIZE 子句用于指定文件的最大容量，可以加上 MB 或 KB，如果不写最大容量而加"unlimited"表示容量不受限制，直到整个磁盘存不下为止；FILEGROWTH 子句用于指定数据库文件的增加量，可以加上 MB、KB 或 %，默认为 MB。

操作步骤如下：

（1）通过选择【开始】|【程序】|【Microsoft SQL Server】|【查询分析器】命令，以启动 SQL Server 查询分析器

（2）出现如图 2-21 所示的【连接到 SQL Server】对话框。在【SQL Server】框中输入或选择数据库服务器名。若输入"."则表示本地服务器。同时在【连接使用】区域中选择一种身份验证方式。若选择【SQL Server 身份验证】方式，还要在【登录名】框和【密码】框输入相应的账户和密码。接着，单击【确定】按钮。以连接到所指定的本地或远程服务器，并打开查询分析器。

（3）在打开的【查询分析器】编辑窗口中输入以下代码：

```
CREATE DATABASE 学生管理信息系统
    ON PRIMARY
        (NAME= 学生管理信息系统 data,
        FILENAME=' C:\data\ 学生管理信息系统 _data.mdf ',
        SIZE=10,
        MAXSIZE=50,
        FILEGROWTH=25%)
    LOG ON
        (NAME= 学生管理信息系统 log,
        FILENAME=' C:\data\ 学生管理信息系统 _log.ldf ',
        SIZE=10MB,
        MAXSIZE=UNLIMITED,
        FILEGROWTH=2MB)
```

（4）输入上述代码，按下 F5 键，或单击工具栏中的【运行】按钮，即完成数据库的创建，运行结果如图 2-22 所示。

图 2-21　连接 SQL Server 服务器　　　图 2-22　在查询分析器中创建数据库

注意

上面的代码要正常运行必须保证 C 盘中有"data"文件夹。

2.2.4　使用向导创建数据库

使用向导创建数据库是最简单的一种方法。按照向导的操作步骤，完成创建数据库的各项设置，数据库的创建即可完成。

操作步骤如下：

(1) 通过选择【开始】|【程序】|【Microsoft SQL Server】|【企业管理器】命令，以启动 SQL Server 企业管理器。

(2) 在【树】窗格中，依次展开【Microsoft SQL Servers】和【SQL Server 组】，然后选中要在其上创建数据库的服务器。

(3) 从【工具】选单中选择【向导】命令，以打开【选择向导】对话框，如图 2-23 所示。

(4) 单击【数据库】左边的【+】图标，并选择【创建数据库向导】，然后单击【确定】按钮，以启动创建数据库向导。

(5) 出现如图 2-24 所示的欢迎窗口，显示出创建数据库向导将要完成的几个操作步骤。单击【下一步】按钮，弹出如图 2-25 所示的对话框。

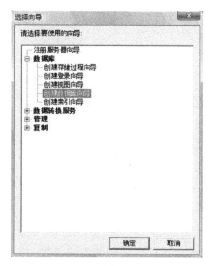

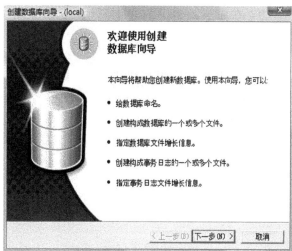

图 2-23　"选择向导"对话框　　　　　　　　图 2-24　欢迎窗口

（6）在如图 2-25 的对话框中，为数据库命名并指定它的存放位置。在【数据库名称】文本框中输入数据库名称。在【数据库文件位置】文本框中输入文件的存放路径，也可以单击浏览按钮，并在随后出现的【选择文件的目录】对话框中为数据库文件指定存放路径。同样指定事务日志文件的存放路径。完成操作后单击【下一步】按钮。

（7）在如图 2-26 所示的对话框中，设置数据库文件的名称、初始大小，然后单击【下一步】按钮。

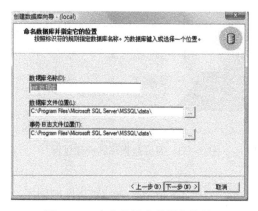

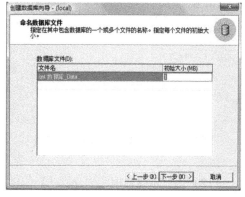

图 2-25　命名数据库并指定位置　　　　图 2-26　命名数据库文件并指定文件初始大小

（8）在如图 2-27 所示的对话框中，设置数据库文件的增长方式、最大容量，然后单击【下一步】按钮。

(9) 在如图 2-28 所示的对话框中，设置事务日志文件的名称、初始大小，然后单击【下一步】按钮。

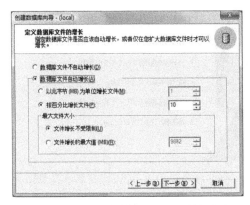

图 2-27　指定数据库文件的增长信息

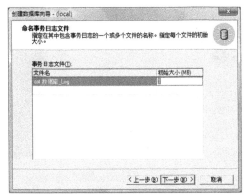

图 2-28　设置事务日志文件及初始容量

(10) 在如图 2-29 所示的对话框中，设置事务日志文件的增长方式（自动或不自动）、自动增长的单位（MB 或 %）及最大容量，然后单击【下一步】按钮。

(11) 在图 2-30 中，显示出以上各步骤设置的各项信息，若要修改所设置的信息，则单击【上一步】按钮，若不需要修改，单击【完成】按钮。

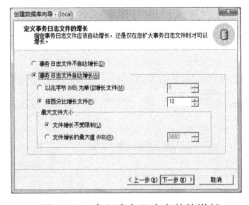

图 2-29　定义事务日志文件的增长

图 2-30　完成数据库的创建过程

(12) 当显示【数据库创建成功】信息时，单击【确定】按钮，完成数据库的创建。

(13) 创建数据库完成后，将出现如图 2-31 所示的对话框，询问是否马上为新创建的数据库创建维护计划。维护计划就是设置何时自动定期对数据库进行维护。可以为以后需要时创建维护计划，在这里我们不创建维护计划，单击【否】按钮。返回【企业管理器】，单击【数据库】节点，就会在详细窗格中看到所创建的数据库。

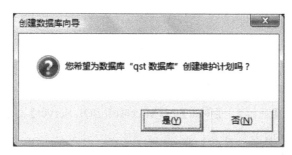

图 2-31　创建维护计划对话框

▶▶ 任务三　服务管理器的使用

2.3.1　启动与停止服务器

SQL Server 服务管理器负责启动、暂停和停止 SQL Server 的进程。在对 SQL Server 数据库进行任何操作之前，必须启动本地或远程 SQL Server 服务。启动服务器的方法有以下几种。

（1）用企业管理器启动

在【企业管理器】的【SQL Server 组】中用左键单击所要启动的服务器或在所要启动的服务器上单击右键后从快捷菜单中选择【启动】项即可启动。

（2）用服务管理器启动

1）从菜单中选择【服务管理器】选项启动服务管理器，如图 2-32 所示。

2）在【服务管理器】中分别单击【服务器】和【服务】下拉列表框选择要启动的服务器和服务选项。

3）在【服务管理器】中单击【开始/继续】按钮即可启动服务器。启动后画面如图 2-33 所示。

图 2-32　启动服务器管理界面

图 2-33　启动服务管理器后画面

（3）自动启动服务器

可以在【SQL Server 服务管理器】对话框中单击选中复选框【当启动 OS 时自动启动服务】即可设置随操作系统一起启动服务器。

（4）断开服务器

1）通过选择【开始】|【程序】|【Microsoft SQL Server】|【服务管理器】命令，以启动 SQL Server 服务管理器。

2）在【服务】下拉列表框中选择一种服务。

3）单击【停止】按钮，以停止所选择服务。

2.3.2 注册服务器

SQL Server 的日常管理是在企业管理器中进行的，在使用企业管理器管理本地或远程 SQL Server 服务器时，必须先在企业管理器中对该服务器注册。本节介绍如何注册新的 SQL Server 服务器。在 SQL Server 企业管理器中可以完成注册服务器的操作。步骤如下：

（1）通过选择【开始】|【程序】|【Microsoft SQL Server】|【企业管理器】命令，以启动 SQL Server 企业管理器。

（2）在图 2-34 所示界面中选择【控制台根目录】|【Microsoft SQL Servers】|【SQL Server 组】选项，右击后在出现的快捷菜单中选择【新建 SQL Server 注册】选项。

（3）出现【欢迎】界面。单击【下一步】按钮，出现如图 2-35 所示的【选择一个 SQL Server】界面。

图 2-34　选择注册服务器

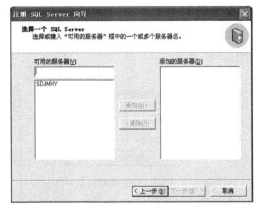
图 2-35　【选择一个 SQL Server】界面

（4）在如图 2-35 所示对话框中的【可用的服务器】列表框中列举了【客户端网络实用工具】中配置的别名和网络中能够自动探测到的 SQL Server 服务器别名，

选择要注册的服务器后单击【添加】按钮将其添加到【添加的服务器】列表框中，单击【下一步】按钮。

（5）出现如图 2-36 所示的【选择身份验证模式】界面。单击【系统管理员给我分配的 SQL Server 登录信息（SQL Server 身份验证）】单选钮，单击【下一步】按钮。

（6）出现如图 2-37 所示的【选择 SQL Server 组】界面。单击【在现有 SQL Server 组中添加 SQL Server】单选钮，单击【下一步】按钮。

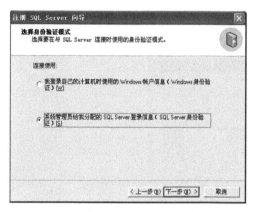

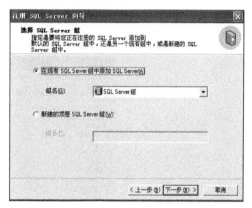

图 2-36 【选择身份验证模式】界面　　　图 2-37 【选择 SQL Server 组】界面

（7）出现如图 2-38 所示的【完成注册】对话框，单击【完成】按钮。

（8）【企业管理器】成功连接服务器后出现如图 2-39 所示的【注册 SQL Server 消息】界面。在【状态】文本框中显示了数据库服务器注册成功的信息，单击【关闭】按钮。成功注册的服务器就可以在【企业管理器】中进行管理了。

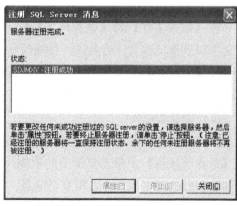

图 2-38 【完成注册】界面　　　图 2-39 【注册 SQL Server 消息】界面

任务四　管理"学生管理信息系统"数据库

2.4.1　数据库属性设置

（1）设置数据库属性

在创建数据库以后还可以设置其属性，以更改创建时的某些设置和创建时无法设置的属性。用右键单击所要设置属性的数据库，从快捷菜单中选择选项【属性】，就会出现如图 2-40 所示的数据库属性设置对话框。

图 2-40　数据库属性设置

在【常规】标签中，可以看到数据库的状态、所有者、创建时间、容量、备份、维护等属性信息。

在【数据文件】和【事务日志】标签可以像在创建数据库时那样重新指定数据库文件和事务日志文件的名称、存储位置、初始容量大小等属性。

在【文件组】标签中，可以添加或删除文件组，不过，如果文件组中有文件则不能删除，必须先将文件移出文件组。

（2）浏览数据库

SQL Server 提供了【目录树】的浏览方式，使得浏览数据库信息非常方便、快捷。在【企业管理器】中单击要浏览的数据库文件夹，即可在右边的【任务板】窗口中看到数据库的基本信息、表和索引信息、数据库文件的配置情况，如图 2-41 所示。在打开数据库文件夹目录树后，可以选择各种数据库对象进行信息浏览。

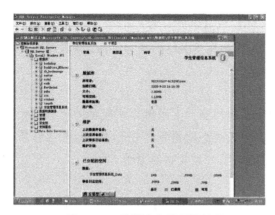

图 2-41 数据库文件配置情况

2.4.2 修改数据库

建立一个数据库以后，可以根据需要对该数据库的结构进行修改。修改数据库包括增删数据文件和事务日志文件的个数、修改数据文件和事务日志文件的初始容量、最大容量、增长方式等。修改数据库可以使用企业管理器或 ALTER DATABASE 语句两种方法进行。

（1）使用企业管理器修改数据库

1）在企业管理器中，依次展开【服务器组】|【服务器】|【数据库】，右击要修改的数据库，在弹出的快捷选单中，单击【属性】命令。

2）出现如图 2-42 所示的【数据库属性】对话框。它包括【常规】、【数据文件】、【事务日志】、【文件组】、【选项】和【权限】6 个标签。

图 2-42 "数据库属性"对话框

3）单击【数据文件】或【事务日志】标签，在这些标签中对文件的初始容量进行相应的修改，也可以重新设置文件的增长方式、最大容量，还可以创建新的文件。

> **注意**
>
> 在修改文件的【分配的空间】项时，所改动的值必须大于现有的空间值。若要通过删除未用空间来缩小数据库文件的容量，先选择要缩小的数据库，然后在【收缩数据库】对话框中改变其容量值。

4）分别选择【文件组】、【选项】和【权限】标签，对相应的文件组、数据库选项和访问数据的权限等进行必要的修改。

（2）使用 ALTER DATABASE 语句修改数据库

通过在查询分析器中执行 ALTER DATABASE 语句来修改数据库的各属性，包括添加或删除文件或文件组、修改文件或文件组的属性等。ALTER DATABASE 语句的常用语法格式如下：

```
ALTER DATABASE 数据库名
{ ADD FILE < 文件格式 > [ TO FILEGROUP 文件组 ]
| ADD LOG FILE < 文件格式 >
| REMOVE FILE 逻辑文件名
| ADD FILEGROUP 文件组组名
| REMOVE FILEGROUP 文件组名
| MODIFY FILE < 文件格式 >
|MODIFY FILEGROUP 文件组名 文件组属性
```

其中"< 文件格式 >"的格式为：

```
(NAME = 数据文件的逻辑名称 ,
[ ,FILENAME=' 数据文件的物理名称 ']
[ ,SIZE = 数据文件的初始大小 ]
[ ,MAXSIZE={ 数据文件的最大容量 | UNLIMITED } ]
[ ,FILEGROWTH= 数据文件的增长量 ] )
```

在上述语法格式中，"|"表示仅选一项；ADD FILE 子句指定要添加一个文件；TO FILEGROUP 子句指定将文件添加到哪个文件组中；ADD LOG FILE 子句指定

增加一个事务日志文件；REMOVE FILE 子句从数据库中删除一个数据文件；ADD FILEGROUP 子句指定要添加一个文件组；REMOVE FILEGROUP 子句指定从数据库中删除一个文件组；MODIFY FILE 或 MODIFY FILEGROUP 子句指定修改数据库文件或文件组属性。

2.4.3　删除数据库

在【企业管理器】中在所要删除的数据库上单击右键，从快捷菜单中选择【删除 (Delete)】选项即可删除数据库，也可以选择数据库文件夹或图标后从工具栏中选择图标来删除数据库。系统会提示确认是否要删除数据库，如图 2-43 所示。

删除数据库一定要慎重，因为删除数据库后，与此数据库有关联的数据库文件和事务日志文件都会被删除，存储在系统数据库中的关于该数据库的所有信息也会被删除。

注意

当数据库处于以下状态时不能被删除：数据库正在使用；数据库正在被恢复；数据库包含用于复制的已经出版的对象。

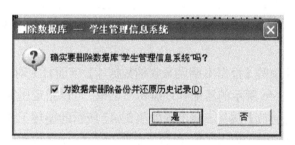

图 2-43　确认是否要删除数据库

2.4.4　压缩数据库

数据库在使用一段时间后，时常会出现因数据删除而造成数据库中空闲空间太多的情况，这时就需要减少分配给数据库文件和事务日志文件的磁盘空间，以免浪费磁盘空间。当数据库中没有数据时，可以修改数据库文件属性直接改变其占用空间，但当数据库中有数据时，这样做会破坏数据库中的数据，因此需要使用压缩的方式来缩减数据库空间。可以在【数据库属性】选项中选择【自动收缩】选项，让系统自动压缩数据库，也可以用人工的方法来压缩。

用企业管理器可以完成压缩数据库操作。操作步骤如下：

(1) 在【企业管理器】中在所要压缩的数据库上单击右键，从快捷菜单中的【所有任务】中选择【收缩数据库】选项，就会出现如图 2-44 所示的对话框。可以在图 2-44 所示的对话框中选择数据库的压缩方式，也可以选择使用压缩计划或压缩单个文件。

(2) 单击图 2-44 中的【文件】按钮，会出现如图 2-45 所示的压缩数据库文件对话框，可以针对每个数据库文件进行不同的压缩设置。

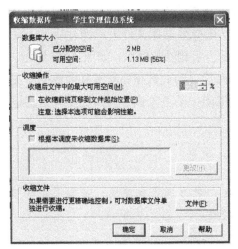
图 2-44　收缩数据库界面

图 2-45　压缩数据库文件

(3) 在图 2-44 中的【根据本调度来收缩数据库】前面打上对号，再单击【更改】按钮，会出现如图 2-46 所示的压缩计划编辑对话框，可以指定压缩计划的执行方式。单击图 2-46 中的【更改】按钮，会出现如图 2-47 所示的循环工作计划编辑对话框，可以编辑计划执行的周期或时间点。设置完成后单击【确定】按钮就开始压缩数据库，在压缩结束后会显示一个压缩情况信息框。

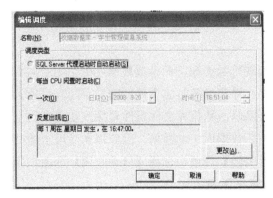
图 2-46　压缩计划编辑对话框

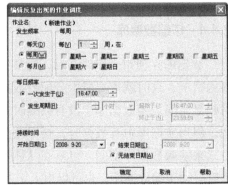
图 2-47　环工作计划编辑对话框

▶▶ 上机实战

1. 练习创建数据库

创建数据库 mydb1，大小：20 MB，最大为 50 MB，自动增长率为 15%，数据文件存入 D 盘；日志文件也创建在 D 盘，大小为 5 MB，最大为 50 MB，自动增长率为 5 MB。

2. 数据库管理练习

查看数据库 mydb1 的有关信息，为 mydb1 数据库增加一个日志文件，其大小为 5 MB，最大为 10 MB，自动增长为 10%，取名为 log2，保存到 C 盘，并删除原来的日志文件。

把数据库 mydb1 更名为 mynewdb。

创建数据库 abc，建成后把它删除。

▶▶ 疑难解答

1. SQL Server 2000 创建数据库，如果不指定路径，那么它默认创建在哪里，怎么找到？

答：SQL Server 2000 在安装时会询问主程序和数据文件各自安装在什么路径中，数据库的安装目录，如果安装的时候没有更改路径的话，就是 C:\Program Files\Microsoft SQL Server\MSSQL\Data（如果更改过就在新位置的 Data 文件夹下，以新建的数据库名为名称的 .ldf 和 .mdf 两个文件了）。

2. 安装完 SQL Server 2000，打开企业管理器，看不到数据库，在 SQL Server 组下面无项目？

答：可能原因如下：

（1）SQL Server 没有装好。重新安装 SQL Server 2000。

（2）在 SQL SERVER 组右键【新建 SQL Server 注册】，然后服务器填写 localhost 或者机器名或者 IP 地址然后点【添加】，填写 sa 和密码。

3. 删除数据库的注意事项有哪些？

答：使用 SQL Server 企业管理器提供的图形用户接口一次只能删除一个数据库。使用 DROP DATABASE 语句可同时删除多个数据库，如：DROP DATABASE db1,db2,db3。

删除数据库后，如果有登录 ID 预设的数据库因此而被删除，那么该登录 ID 应将其预设数据库改为主数据库（master database）。删除数据库后，请立即备份主数据库。

4. 无法删除数据库可能的原因？

答：可能原因如下：

(1) 此数据库正在恢复。

(2) 有用户正在使用此数据库。

(3) 此数据库部分表格为副本。

▶▶ 习题

1. 填空题

(1) 一个数据库至少应包含一个_____和一个_____。

(2) SQL Server 2000 有_____和_____两种身份验证模式。

(3) SQL Server 2000 有两种实例，分别是_____实例和_____实例。

(4) SQL Server 中的数据库由_____和_____组成。

2. 选择题

(1) 下列操作中，（   ）不是 SQL Server 服务管理器功能。

    A. 启动 SQL Server 服务   B. 停止 SQL Server 服务

    C. 执行 SQL 查询命令   D. 暂停 SQL Server 服务

(2) 下列数据库中，属于 SQL Server 系统数据库的是（   ）数据库。

    A. Northwind   B. tempdb

    C. pubs   D. sysdb

(3) 下列关于身份验证模式叙述正确的是（   ）。

    A. SQL Server 安装在 Windows NT 或 2000 中才有 Windows 身份验证模式

    B. 只有 Windows 的当前用户才可选择 Windows 身份验证模式

    C. 以 SQL Server 身份验证模式账户登录 SQL Server 时，需要输入登录名和密码

    D. 都正确

(4) 关于数据库事务日志文件叙述错误的是（   ）。

    A. 一个数据库至少有一个事务日志文件

    B. 创建数据库时，如果未指定事务日志文件，SQL Server 则会自动创建一个

    C. 事务日志文件的默认大小为 1MB

    D. 如果未指定事务日志文件的增长量，则文件大小保持不变

(5) 下列叙述正确的是（   ）。

A. 在企业管理器中可停止 SQL Server 服务

B. 在企业管理器中可暂停 SQL Server 服务

C. 在企业管理器中可启动 SQL Server 服务

D. 都正确

3. 思考题

（1）存放 SQL Server 2000 数据库的磁盘文件有哪几种？

（2）SQL Server 2000 创建数据库的方法有哪几种？

（3）请给出一个使用创建数据库向导（Create Database Wizard）创建数据库的例子。

4. 上机题

（1）利用企业管理器创建数据库 student，大小 40 MB，最大为 100 MB，自动增长率为 15%。

（2）将数据库 student 更名为 mystu。

（3）使用压缩计划来收缩数据库 mystu。

（4）删除数据库 mystu。

项目三

表的管理及应用

数据库是数据库管理系统的核心部分，而表是数据库最重要的对象。因为用户所关心的数据都是存放在数据库的表中，而且 SQL Server 的许多操作都是围绕着表的操作进行的，因此，掌握表的操作在本门课程的学习中就显得尤为重要。

项目要点：
- 熟悉了解数据的完整性和约束
- 掌握企业管理器和查询分析器创建表
- 掌握企业管理器和查询分析器查看表信息
- 掌握企业管理器和查询分析器设计管理表
- 掌握企业管理器和查询分析器删除表

▶▶ 任务一　创建表

创建一个数据库以后，就可以在该数据库中创建新表。

在默认状态下，只有系统管理员和数据库的拥有者可以创建表，但是系统管理员和数据库的拥有者可以授权其他人来完成这些操作。

3.1.1　表的概念

表（Table）是数据库中用于容纳所有数据的对象，是一种很重要的对象，是组成数据库的基本元素，可以说没有表，也就无所谓数据库。数据以表的形式存放。

表是相关联的行列组合。描述一个个体属性的总和称为一条记录。个体可以是人也可以是物，甚至可以是一个概念。描述个体的一个属性称为一个字段，也称数据项。学生信息表见表 3-1。

表 3-1　学生信息表

学号	姓名	性别	出生年月	籍贯
2007043201	李明	男	1987-05-28	潍坊
2007043202	徐燕	女	1988-02-10	青岛
2007043203	张兰	女	1988-03-06	济南

3.1.2　数据的完整性

数据的完整性就是数据库数据的正确性和一致性。在 SQL Server 中，数据的完整性可能会由于用户进行的各种数据操作而遭到破坏，为了保证数据库中数据的完整性，在 SQL Server 中可以通过各种约束、规则、默认值、触发器等数据库对象来保证数据的完整性。数据完整性可以分为三种类型。

（1）实体完整性

实体完整性要求所有的行唯一，即所有的记录都是可区分的。实体完整性可以通过建立主键约束、唯一约束、标识列、唯一索引等措施来实现。例如，在 Stuinfo 表中，通过设置 StuNo 为主键，使得该列的取值不重复，从而区分表中记录。

（2）参照完整性

参照完整性要求有关联的两个或两个以上表之间的数据是一致的。参照完整性可以通过建立主键和外键约束来实现。例如，学生成绩表 Score 的字段 StuNo 中数据必须是 Student 表的 StuNo 字段数据，以保证考试的学生确实存在。

（3）域完整性

域完整性要求表中指定列的数据具有正确的数据类型、格式和有效的数据范围。例如，Stuinfo 中 Sex 字段必须是男或者女，如果输入 100 就不符合域完整性；而 Age 字段必须是 >0 的整数，输入 −5 就不符合域完整性。域完整性可以通过设置检查约束、默认值约束、默认及规则等措施来实现。

3.1.3　约束

对输入数据取值范围和格式的限制称为约束。约束是用来保证数据完整性的，下面介绍一下 SQL Server 中的六种约束。

（1）主键约束（Primary key）

主键约束是用来保证表中记录唯一可区分的列。一个表可以通过一列或列组合的数据来唯一标识表中的每一条记录。这种用来标识表中记录的列或者列组合称为主键。每一个表只能存在一个主键；主键可以是一个字段或者多个字段组成；主键值不能为空，也不能重复。例如，在 Stuinfo 表中的 StuNo 字段就可以作为主键。

（2）唯一约束（Unique）

规定一条记录的一个字段值或几个字段的组合值不得与其他的记录相同的字段或者字段的组合重复，将这种限制称为唯一约束。唯一约束是保证除主键外其他的列的数据不重复。它可以是一列，也可以是多列组成。使用唯一约束和主键约束都可以保证数据的唯一性，但是它们的区别是：一个表中只能有一个主键，但是可以存在多个唯一字段；主键字段不能存在空值，但是唯一字段可以存在空值。例如，Stuinfo 表中已经定义了 StuNo 作为主键字段，可以使用 Name 字段作为唯一字段（我们假定没有重名的同学）。

（3）外键约束（Foreign Key）

一个数据库中可能包含多个表，可以通过外键使这些表连接起来。外键约束用来建立两个表间的关联。外键是由表中的一个或者多个列组成。如在表 A 中有一个字段的取值只能是 B 表中某字段的取值之一，则在 A 表该字段上创建外键约束。创建外键约束的字段可以为空，也可以存在重复值，但是必须是所引用的列值之一。例如学生考试所产生的成绩表中的字段 StuNo 必须是学生表 Stuinfo 中 StuNo 的取值。

（4）检查约束

检查约束是用来检查一个字段的输入值是否满足指定的约束条件，不满足则会提示出错。例如，年龄 Age 一般设检查约束要 ≥ 0，如果输入 −5 则会提示出错。

（5）默认值约束

默认值约束是系统用一个确定的值来自动添加用户在某个字段没有明确提供的数值。例如，学生成绩表 Score 中，如果成绩没有明确给出，那么默认值一般自动添加为零。

（6）空值约束

空值约束是指对尚不知道或者不确定的数值，它不等同于 0 或者空格。用户常常将不确定的列值定义为空值。

3.1.4 创建表

创建好数据库后，就可以在数据库中创建表。

创建表可以使用企业管理器或使用查询分析器两种方法来完成。

（1）使用企业管理器创建表

1）从【开始】菜单选择【程序】，然后选择【SQL Server】，打开企业管理器，依次展开【服务器组】|【服务器】|【数据库】，选择要在其中创建表的数据库，右击表节点，从弹出的快捷菜单中选择【新建表】命令，如图 3−1 所示。

2）打开表设计器，在设计器窗口设置好每个字段属性，比如字段名、数据类型、长度和是否允许为空等，如图 3-2 所示。其中字段名要符合命名规则：最长为 128 字符，可以包含汉字、英文字母、数字、下划线等，但是同一个表中，字段名不能重复。

图 3-1　新建表　　　　　　　　　　图 3-2　在表设计器中创建表结构

3）在表设计器下部的列表中，设置在上部网格中突出显示的字段的附加属性，如默认值、标识等。

4）其中描述是用来描述创建表的信息的；默认值是用来设置默认值约束的；标识、标识种子、递增量是用来设置字段自动编号属性的。

5）定义表的结构时，可以插入列或者删除列来增加字段，如图 3-3 所示。

6）单击【保存】按钮，在弹出对话框输入表的名称，然后确定即可。

（2）使用查询分析器创建表

除企业管理器外，还可以使用查询分析器创建表，语法格式为：

图 3-3　选择"插入列"或者"删除列"命令

Create table 表名
{（字段名 列属性 列约束）}[……n]

其中列属性的格式为：

数据类型 [（长度）][NULL/NOT NULL][Identity（初值，增长量）]

列约束的格式为：

[CONSTRAINT 约束名] Primary key [（列名）]
[CONSTRAINT 约束名] Unique[（列名）]
[CONSTRAINT 约束名] [Foreign Key[（外键列）]]References 引用表名（引用列）
[CONSTRAINT 约束名] Check（检查表达式）
[CONSTRAINT 约束名] Default 默认值

在上述方法中，Identity 子句用于指定对字段进行自动编号；使用 Primary key 设置主键；Unique 设置唯一约束；Foreign Key 设置外键约束；使用 Check 设置检查约束；使用 Default 设置默认值约束。

实例 3-1　创建学生信息表 Stuinfo，StuNo 主键，DepartMent 为字符型，长度 20，Class 为字符型，长度 20，StuName 为字符型，长度 20，Sex 为字符型，长度 2，Birthday 为日期时间型，NativePlace 为字符型，长度 50。

```
Create table Stuinfo
(StuNo int primary key,
DepartMent varchar(20),
Class varchar(20),
StuName varchar(20) not null,
Sex char(2),
Birthday datetime,
NativePlace varchar(50)
)
```

实例 3-2　创建学生信息表 Student，StuNo 主键，自动编号，Name 不能为空，Age 大于 0，Sex 默认值为男，Address 为唯一约束。

Create table Student

(StuNo int Identity(1001,1) Primary key,

Name char(20) not null,

Age int check(Age>0),

Sex char(2) default ' 男 ',

Address Varchar(20) Unique)

▶▶ 任务二　查看表

创建好表以后，我们可以查看表的一些相关信息。例如，表由哪些列组成、列的数据类型是什么、表上设置了哪些约束、表中有哪些数据等。

3.2.1　查看表的定义信息

表的定义信息主要是指表的名称、表类型、创建时间及所有者等信息。可以使用相关的操作查看这些信息。

（1）使用企业管理器查看表

1）在企业管理器中，依次展开【服务器组】|【服务器】|【数据库】，选中相应的数据库，如学生管理信息系统。

2）单击表节点，找到对应的表右击选择【属性】命令，打开表属性对话框，如图 3−4 所示。

图 3−4　"表属性"对话框

3）在常规选项卡中显示对应的表的定义信息。

4）单击【确定】完成查看。

（2）使用查询分析器查看

使用查询分析器查看表的结构格式为：

[Execute] Sp_help [表名]

其中，若省略表名，则显示表中所有数据对象。若该语句处于批处理的第一行，则可以省略 Exec 关键字。

实例 3-3 查看 Stuinfo 表的信息。

Exec Sp_help Stuinfo

在查询分析器中运行上述代码，运行结果如图 3-5 所示。

图 3-5 查询分析器查看表定义信息

3.2.2 查看表的约束

使用企业管理器查看 Stuinfo 表的约束步骤如下：

（1）打开企业管理器，依次展开服务器组、服务器、数据库，选中相对应的数据库。

（2）单击表节点，选中 Stuinfo 表右击，从弹出的快捷菜单中选择【设计表】命令，显示【表设计器】窗口。

（3）在表设计器中可以查看主键约束、默认值、空值等信息。

（4）单击表设计器工具栏上【表和索引属性】工具按钮，或在设计器中右击，从弹出的快捷菜单中选择【属性】，弹出【属性对话框】。

在【属性对话框】中显示【表】、【关系】、【索引/键】、【Check 约束】四个选项卡，可以分别查看各自属性。如图 3-6 所示。单击【关闭】按钮，完成查看。

图 3-6 "属性"对话框

3.2.3 查看表的依赖关系

在一个系统中,数据库存在多个表,可能表和表之间存在关系,当一个表发生变化时,另外的表可能随之发生变化,因此,了解表的依赖关系非常重要。

使用企业管理器查看表 Stuinfo 的依赖关系步骤如下:

(1)打开企业管理器,依次展开【服务器组】|【服务器】|【数据库】,选中相对应的数据库。

(2)单击表节点,选中表 Stuinfo 右击,从弹出的快捷菜单中选择【所有任务】命令,打开【显示相关性】窗口。

(3)此时弹出相关性对话框,在【常规】选项卡中可以查看表的关系,如图 3-7 所示。

(4)单击【关闭】按钮,完成查看。

图 3-7 表的依赖关系

任务三　管理表

3.3.1　设置表的约束

SQL Server 2000 有 6 种约束：主键约束、唯一约束、外键约束、检查约束、默认值约束、空值约束。我们依次看一下在表 Stuinfo 和表 Student 中如何设置约束。

（1）设置主键约束

使用企业管理器设置主键约束步骤如下：

1）打开企业管理器，依次展开【服务器组】|【服务器】|【数据库】，选中相对应的数据库。单击表节点，选中表 student 右击，从弹出的快捷菜单中选择【设计表】命令，显示【表设计器】窗口。

2）右击要设置主键的列，然后在弹出的快捷菜单中选择【设置主键】命令，如图 3-8 所示。此时在该列前会出现一个钥匙图标，设置主键完成。

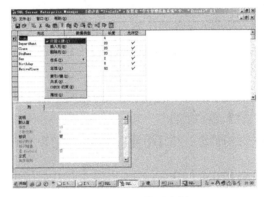

图 3-8　设置主键

（2）设置唯一约束

使用企业管理器设置步骤如下：

1）打开企业管理器，依次展开【服务器组】|【服务器】|【数据库】，选中相对应的数据库。单击表节点，选中表 student 右击，从弹出的快捷菜单中选择【设计表】命令，显示【表设计器】窗口。

2）单击工具栏中的【表和索引属性】按钮，以打开【属性】对话框，然后选择【索引/键】选项卡。

3）单击【新建】按钮，在列名下拉表中选择列"NativePlace"，选中【创建UNION】和【约束】两个选项，然后输入约束名。

4）单击【关闭】按钮，即完成了唯一约束的设置。如图 3-9 所示。

图 3-9 设置唯一约束

（3）设置外键约束

使用企业管理器设置步骤如下：

1）打开企业管理器，依次展开【服务器组】|【服务器】|【数据库】，选中相对应的数据库。单击表节点，选中表 student 右击，从弹出的快捷菜单中选择【设计表】命令，显示【表设计器】窗口。

2）单击工具栏中的【表和索引属性】按钮，以打开【属性】对话框，然后选择【关系】选项卡。

3）单击【新建】按钮，在【主键表】下拉列表中选择外键引用的表，并在其下的列表框中选择列"StuNo"；在【外键表】中选择要定义外键的表，并在下拉列表中选择好列"StuNo"。

4）在关系名处输入定义的关系的名称。

5）在【关系】选项卡下部进行相应的设置。

6）设置完毕后，单击【关闭】按钮。如图 3-10 所示。

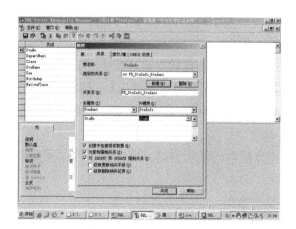

图 3-10 设置外键约束

（4）设置检查约束

使用企业管理器设置步骤如下：

1）打开企业管理器，依次展开【服务器组】|【服务器】|【数据库】，选中相对应的数据库。单击表节点，选中表 Student 右击，从弹出的快捷菜单中选择【设计表】命令，显示【表设计器】窗口。

2）单击工具栏中的【表和索引属性】按钮，以打开【属性】对话框，然后选择【Check 约束】选项卡。

3）单击【新建】按钮，在表达式文本框中输入表达式年龄 >0，然后输入检查约束名称。

4）单击【关闭】按钮，完成设置。如图 3-11 所示。

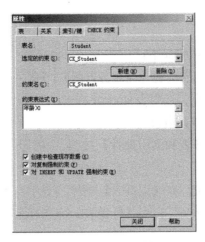

图 3-11 设置检查约束

3.3.2 添加数据

创建的新表中不包含任何记录。下面介绍两种添加数据的方法。

（1）企业管理器添加数据

使用企业管理器添加数据方法比较容易、直接，步骤如下：

1）打开企业管理器，依次展开【服务器组】|【服务器】|【数据库】，选中相对应的数据库。单击表 Stuinfo 节点，选中表右击，从弹出的快捷菜单中选择【打开表】|【返回所有行】命令。

2）此时弹出查询分析器的结果窗格，可以在里面添加数据，也可以修改和删除数据。

（2）查询分析器添加数据

使用查询分析器添加数据是使用 insert 语句完成的，格式有两种：

insert……values：直接给各列赋值，每次只能添加一条记录。

insert……select：将查询语句的结果添加进去，可添加多条。

1）insert……values 语句添加

其基本格式为：insert 表名 [字段列表]values （列表值）

实例 3-4　向表 Stuinfo 中添加一条记录。

insert Stuinfo values(1020, ' 计算机系 ', '2006 级计算机应用技术班 ', ' 张强 ', ' 男 ', 1985-11-15, ' 青岛 ')

这样就添加了一条记录。

> **注 意**
>
> 　查询分析器中输入的语句必须是英文状态下的标点符号；添加的记录中如果是中文，需要用单引号括起来；数据之间用逗号隔开；添加的记录列数最好与原表一致，如果不一致则空缺的会添加默认值，但是不允许列数多于原表或者对应的列数据类型不一致。

2）insert……select 语句添加

其基本格式为：insert 表名 [字段列表]select 语句

实例 3-5　向表 Stuinfo 中添加 Stuinfo2 中的记录。

insert Stuinfo select * from Stuinfo2

这样就添加了多条记录。有关更复杂的添加语句我们在下一项目再继续学习。

> **注 意**
>
> 　添加表的记录列数最好与原表一致，如果不一致则空缺的会添加默认值，但是不允许列数多于原表或者对应的列数据类型不一致。

3.3.3　修改表

一个表创建好以后，可以根据需要对它进行修改。修改的内容包括修改列属性，如列名、数据类型、长度等，还可以在表结构中添加列和删除列、修改约束等。修改表的任务可以使用企业管理器，还可以使用查询分析器修改。

（1）使用企业管理器修改表

使用企业管理器修改表步骤如下：

1）打开企业管理器，依次展开【服务器组】|【服务器】|【数据库】，选中相对应的数据库。单击表 Stuinfo 节点，选中表右击，从弹出的快捷菜单中选择【设计表】命令，显示【表设计器】窗口。

2）在表设计器中修改各个字段的定义。重新设置字段名、字段类型、是否可为空等。

3）添加新字段。将光标移到最后一个字段的下一行输入字段及属性即可；如果在中间添加，右击该字段行，选择插入列就可以在当前行前插入一个字段。

4）删除字段。用鼠标右击要删除字段所在的行，在弹出的快捷菜单中选择【删除列】命令。

5）修改约束。右击设置约束的列，选择属性命令，打开【属性】对话框，选择各选项卡进行修改。

（2）使用查询分析器修改表

1）添加列

使用 ADD 语句可以在表中添加一个字段，其语法格式为：

Alter Table   表名

ADD 列名   数据类型 [(长度) NULL /NOT NULL]

实例 3-6　向 Stuinfo 表中添加一个字段 Email，长度 50，不为空。

USE　学生管理信息系统

Alter Table Stuinfo

ADD Email varchar(50) not null

注　意

　　若向已经存在记录的表中添加列时，新添加列可以设置为允许为空，若新添加列设置为不允许为空时，则必须给该列指定默认值。

2）使用 ADD 语句添加约束

使用 Add Constraint 语句可以添加约束，格式为：

Alter Table   表名

ADD Constraint   约束定义

实例 3-7　将 DepartMent 字段设为默认值——计算机系。

Alter Table Stuinfo

ADD Constraint def_stu default ' 计算机系 ' for DepartMent

3）使用 Drop 语句删除约束

使用 Drop 语句可以删除约束，语法格式为：

Alter Table 表名　　　　Drop Constraint　约束名

实例 3-8　删除 DepartMent 字段约束。

Alter Table Stuinfo

Drop Constraint def_stu

4）使用 Drop 语句删除列

使用 Drop 语句可以删除列，语法格式为：

Alter Table　表名　　　　Drop Column　列名

实例 3-9　删除 DepartMent 字段。

Alter Table Stuinfo

Drop Column DepartMent

> **注意**
>
> 删除列的同时，会删除列上的约束和索引等。

5）使用 Alter 语句修改列属性

使用 Alter 语句可以修改列，语法格式为：

Alter Table　表名　　　　Alter Column　列名　新属性

实例 3-10　修改电话字段为长度 20。

Alter Table Stuinfo

Alter Column DepartMent char(20) not null

任务四　删除表

删除表有两种方式，使用企业管理器或者使用查询分析器删除，一旦删除表，列上的约束、索引都被删除。

3.4.1　使用企业管理器删除表

使用企业管理器删除表步骤如下：

（1）打开企业管理器，依次展开【服务器组】|【服务器】|【数据库】，选中相对应的数据库。单击表节点，选中表 Stuinfo 右击，选择【删除】。

（2）在弹出的对话框中选择【全部除去】即可。

3.4.2　使用查询分析器删除表

在查询分析器中删除表操作比较简单：打开查询分析器，输入命令"Drop Table 表名"即可；如果删除多个表，可以使用逗号隔开。

实例 3-11　删除表 Stuinfo1,Stuinfo2, Stuinfo3。

Drop Table Stuinfo1,Stuinfo2, Stuinfo3

> 注意
>
> 使用查询分析器删除表没有提示对话框。使用语句不能删除系统表。

上机实战

1.创建数据库表

（1）创建数据库表，表名分别是：学生表 Student，成绩表 Scores，院系表 StuInfo。

（2）各表的结构见表 3-2 至表 3-4。

表 3-2 Student

字段名	数据类型	长度	是否可为空	中文描述
StuNo	Int	4	Not Null	学号
Name	Char	10	Not Null	姓名
Sex	Char	2	Null	性别
BirthDay	Date	15	Null	生日
NativePlace	varchar	50	Null	出生地

表 3-3 Scores

字段名	数据类型	长度	是否可为空	中文描述
StuNo	Int	4	Not Null	学号
Course	Char	16	Not Null	课程名称
Score	Int	4	Null	成绩

表 3-4 StuInfo

字段名	数据类型	长度	是否可为空	中文描述
StuNo	Int	4	Not Null	学号
Department	Varchar	20	Null	院系
Class	Varchar	20	Null	班级

（3）要求：使用企业管理器创建表 Scores、StuInfo；使用查询分析器创建表 Student。

（4）每个表中录入 5 条记录。

2. 使用企业管理器设置数据表的结构

（1）学生表 Student：学号设置为自动编号（1001，1），性别默认值为男。

（2）成绩表 Scores：学号和课程为主键，成绩大于 0。

3. 删除表

（1）使用企业管理器删除学生表 Student。

（2）使用 SQL 命令删除成绩表 Scores、院系表 StuInfo。

▶▶ 疑难解答

1. SQL Server 2000 中创建的用户表的保存路径是什么？

答：在 mssql 文件夹下一个 data 文件夹中。

2. 创建表时由 A 和 B 共同作为关键字，如何使用语句创建主键？

答：在创建语句最后单独写上：primary key (A,B) 即可。

3. 如何查看表之间是否创建依赖关系成功。

答：选择任意一个右击，选择"所有任务"下的"显示相关性"，如果创建成功，会在对象处显示出来。

4. 比如要建个企业生产的表，就是假如说一个表里面有很多企业品牌，选一个，这个品牌又生产很多的物品，这些物品有价格，该怎么建表？必须要两个表吗？

企业品牌表
(
品牌编号
品牌名称
...(其他)
)
物品表
(
物品编号
物品名称
品牌编号
...(其他)
)

答：不是必须，如果只有一张表的话，数据冗余度会非常大，所以还是应该建两张表，类似的问题可以查看相关书籍中关于范式方面的内容。

▶▶ 习题

1. 填空题

（1）实体完整性要求表中的_____唯一，它可以通过_____、_____、_____等措施来实现。

（2）参照完整性要求有关联的多个表之间数据的_____，它可以通过_____

和_____来实现。

（3）域完整性用于保证给定字段中数据的_____。

（4）在一个表能创建_____个主键约束，主键值_____为空。能创建_____个唯一约束，唯一值可以为空。

（5）_____约束用来限定输入数据的取值范围。

（6）创建表用_____语句，向表中添加记录用_____语句，查看表的定义信息用_____语句，修改表用_____语句，删除表用_____语句。

2. 选择题

（1）要设计表的结构需要右击打开表的（　　）选项。

    A. 打开表　　　B. 设计表　　　C. 所有任务　　　D. 属性

（2）要查看表中数据需要右击打开表的（　　）选项。

    A. 打开表　　　B. 设计表　　　C. 所有任务　　　D. 属性

（3）单击右键删除表时，在弹出的对话框需要单击（　　）按钮才可以完成删除。

    A. 除去　　　B. 全部除去　　　C. 删除　　　D. 全部删除

（4）在表设计器中某一列字段名前有一个钥匙样的图标，表示设定了一个（　　）。

    A. 唯一约束　　　B. 主键约束　　　C. 检查约束　　　D. 默认值约束

（5）查看表之间的依赖关系，可以用以下操作（　　）。

    A. 打开表→返回所有行　　　　　　B. 打开表→返回首行

    C. 设计表　　　　　　　　　　　　D. 所有任务→显示相关性

（6）参照完整性规则的更新规则中"级联"的含义是（　　）。

    A. 更新父表中连接字段值时，用新的连接字段自动修改子表中的所有相关记录

    B. 若子表中有与父表相关的记录，则禁止修改父表中连接字段值

    C. 父表中的连接字段值可以随意更新，不会影响子表中的记录

    D. 父表中的连接字段值在任何情况下都不允许更新

3. 思考题

（1）用企业管理器创建一个"超市管理"的数据库，包含三个表：客户表、商品表、订货表。要求客户表有字段：客户编号、姓名、电话、地址，其中客户编号为主键，自动编号（1，1），姓名不为空；商品表有字段：商品编号、商品名称、价格、库存量，商品编号为主键，价格大于 0，库存量默认为 0；订货表有字段：订货单号、客户编号、商品编号、进货量、进货价格，其中订货单号为主键。

（2）向三个表中添加数据。

4. 上机题

依照上机实战中表，做以下习题。

（1）学生表 Student 中添加年龄一列，并添加约束 >15。

（2）成绩表 Scores 中添加学分一列，并设置默认值为 4。

（3）院系表 StuInfo 中添加系主任一列，并将班级一列长度改为 50。

（4）学生表 Student 中添加 QQ 一列，并添加默认值为 123456789。

（5）成绩表 Scores 中添加姓名一列，并不能为空。

（6）院系表 StuInfo 中添加班主任一列。

项目四

数据的查询与更新

创建好数据库和表后，如果要从数据库中查询满足条件的数据，可以使用 Select 语句来实现；如果要更改数据库的内容，即添加数据、修改数据、删除数据，则需要分别使用 Insert、Update、Delete 语句来实现。本项目重点讲述在企业管理器和查询分析器中使用 SQL 语句来实现这些操作。

项目要点：

熟悉了解 Select 语句的基本格式

掌握简单的查询语句和集合函数的使用

掌握各种内外连接和合并结果集

掌握子查询语句的使用

掌握数据的插入、更新和删除操作

▶▶ 任务一　使用简单查询显示学生信息

Select 查询语句包含很多子句，通常用得较多的是 Select 子句和 From 子句。在查询中往往还包含一些其他子句，例如 into 子句、where 子句、group by 子句、order 子句等，用于复杂的查询。

4.1.1　查询语句的基本格式

查询就是对存储于数据库中数据的查看请求，通过 Select 查询语句可以从数据库中获取需要的数据，从表或者视图中查询满足条件的记录，其语法格式为：

Select 列名 1，列名 2，列名 3… [Into 新表名]from 表名 1[，表名 2…] [where 条件表达式] [Group by 列名 1，列名 2，…] [having 条件表达式] [Order by 列名 1，

列名 2···[ASC/DESC]]

分析其格式：其主干为 Select 列名 1，列名 2··· From 表名···。在使用查询语句时上面的子句不可能全部用到，可能只会用到其中的几个子句，其他的可有可无（其中 [] 内的内容即是可有可无的子句）。在格式中，Select 子句用于指定输出字段，后面的字段名即是输出的字段；Into 子句用于将查询得到的结果放入新创建的表中；from 用于指定从哪个表或者视图中查询数据，即数据的来源；where 子句用于指定筛选数据的过滤条件，例如，成绩大于 80，年龄小于 20 等；Group by 子句主要用于数据的分组操作，例如，分别计算男生、女生的平均年龄等；having 子句用于指定对组的过滤条件；Order by 子句用于按某个或者某几个字段排序。这些内容在后面会一一详细介绍。

4.1.2 使用 Select 语句选取字段

（1）输出表中的所有字段

若要输出表中所有字段，则需要在 Select 后列出所有的字段名，字段名用逗号隔开，也可以使用 * 代替所有字段，后面还需要使用 from 子句来指定查询的数据源。

实例 4-1 查询输出表 Stuinfo 中的所有字段信息。代码如下：

USE 学生管理信息系统

Select * from Stuinfo

在查询分析器中输入上述语句后，按 F5 键运行，查询结果会以网格的形式显示在查询分析器的结果显示窗格中，如图 4-1 所示。

图 4-1 输出所有字段

（2）输出表中部分字段

若要输出表中部分字段，则需要在 Select 后列出所需显示的字段名，后面同样需要使用 from 子句来指定查询的数据源。

实例 4-2 查询输出表 Stuinfo 中的学号和姓名字段。代码如下：

USE 学生管理信息系统

Select StuNo,StuName from Stuinfo

在查询分析器中输入上述语句后，按 F5 键运行，查询结果如图 4-2 所示。

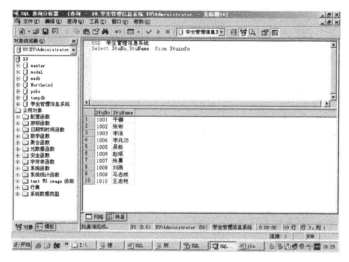

图 4-2 输出部分字段

（3）为字段指定别名

一般查询显示的是表或者视图中字段的原名，在某些情况下，为了增加结果的可读性，可以在显示结果的时候为字段指定一个别名，方便理解。为字段指定别名有两种格式：

第一种格式：Select 原名 AS 别名 from 数据源

第二种格式：Select 别名 = 原名 from 数据源

实例 4-3 查询输出表 Stuinfo 中的学号和姓名字段，其中字段名学号要显示为学号。代码如下：

USE 学生管理信息系统

Select 学号 =StuNo,StuName from Stuinfo

在查询分析器中输入上述语句后，按 F5 键运行，查询结果如图 4-3 所示。

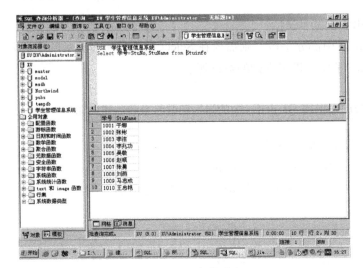

图 4-3　显示字段别名

(4) 过滤重复行

若显示表中部分字段时，可能会出现重复的记录，如果要删除这些重复的记录，可以在字段前面加上 distinct 关键字来消除重复行。

实例 4-4　查询输出表 Stuinfo 中学生的籍贯。代码如下：

USE 学生管理信息系统

Select distinct NativePlace from Stuinfo

在查询分析器中输入上述语句后，按 F5 键运行，查询结果如图 4-4 所示。

图 4-4　过滤重复行

（5）限制返回行数

在使用 Select 语句输出查询结果时，如果在字段前使用 Top 关键字，则会输出前几条记录。有两种格式：

第一种格式：Select Top 5 字段 From 数据源

第二种格式：Select Top 50 Percent 字段 From 数据源

实例 4-5　查询输出表 Stuinfo 中的前 5 条记录。代码如下：

USE　学生管理信息系统

Select Top 5 * From Stuinfo

或者

Select Top 50 Percent * From Stuinfo

在查询分析器中输入上述语句后，按 F5 键运行，查询结果如图 4-5 所示。

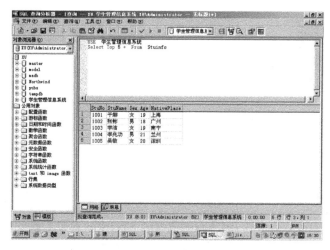

图 4-5　使用 TOP 子句

注意

　　Top 子句中的 Percent 为百分比，不能使用 % 代替。

4.1.3　使用 INTO 子句

通过在 Select 语句中使用 Into 子句，可以创建一个新表并且将查询结果添加到新表中。用户在使用该子句时必须拥有创建表的权限。其格式为：

Select 字段名 into 新表名 from 原表名

其中新表名就是创建的表的名称，新表中的字段就是 select 语句中的字段，新表中的记录就是 select 语句中满足条件的记录。

实例 4-6 查询输出表 Stuinfo 中的前 5 位同学的学号和姓名，放入新建表 s1 中。代码如下：

USE 学生管理信息系统

Select Top 5 StuNo,StuName into s1 From Stuinfo

在查询分析器中输入上述语句后，按 F5 键运行，查询结果如图 4-6 所示。

图 4-6 使用 INTO 子句

注意

新建的表可以是临时表，也可以是永久表，若 into 子句后的新表名前以"#"开头，若在 where 子句中的表达式恒为假时，则会形成与原表相同结构的空表。那么创建的是临时表，若无"#"则生成的是永久表。

实例 4-7 要求新生成空表 s2，结构与 Stuinfo 相同。代码如下：

USE 学生管理信息系统

Select * into s2 From Stuinfo where 1=2

在查询分析器中输入上述语句后，按 F5 键运行，查询结果如图 4-7 所示。

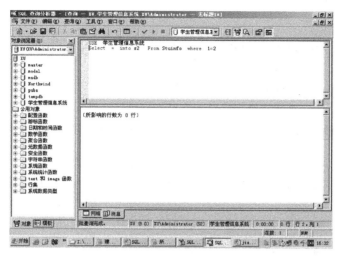

图 4-7　使用 INTO 子句生成空表

4.1.4　使用 where 子句

（1）比较运算符

比较运算符包含多个，例如 >、<、>=、<>、!=、！> 等，其中 <>、!= 均表示不等于，!> 表示不大于。使用比较运算符可以筛选满足条件的记录。

实例 4-8　查询输出 Stuinfo 表中年龄大于 19 的同学的记录。代码如下：

Select * From Stuinfo where Age>19

在查询分析器中输入上述语句后，按 F5 键运行，查询结果如图 4-8 所示。

图 4-8　比较运算符

（2）范围运算符

范围运算符是用来判断列的取值是否在指定范围内。范围运算符包括 Between 和 Not Between。该运算符语法格式如下：

列名 Between【Not Between】起始值 And 终止值

实例 4-9　查询输出 Stuinfo 表中年龄在 18 ~ 20 的同学的记录。代码如下：

Select * From Stuinfo where Age between 18 and 20

在查询分析器中输入上述语句后，按 F5 键运行，查询结果如图 4-9 所示。

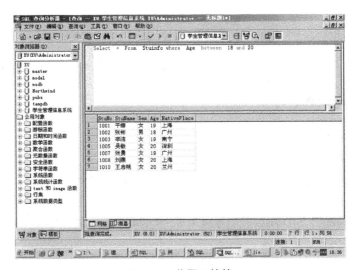

图 4-9　范围运算符

（3）列表运算符

列表运算符用来判断给定的列值是否在所给定的一个列表中。列表运算符包括 IN 和 Not IN。该运算符要求的语法格式为：

字段名【NOT】IN（列值 1，列值 2，列值 3……）

如果字段取值等于列表中某个取值，则运算结果为 TRUE，否则运算结果为 FALSE，并显示相应的记录。

实例 4-10　查询输出 Stuinfo 表中年龄为 18、20、21 的同学的记录。代码如下：

Select * From Stuinfo where Age IN(18,20,21)

在查询分析器中输入上述语句后，按 F5 键运行，查询结果如图 4-10 所示。

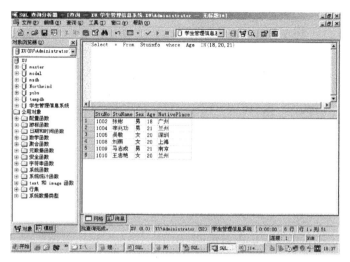

图 4-10 列表运算符

（4）模式匹配运算符

模式匹配运算符用来判断字符型数据的值是否与指定的字符格式相符。模式匹配运算符包括 Like 通配符和 NOT Like 通配符，其中通配符包括下列四种。

● %：代表 0 个或者多个字符的任意字符串。例如 A% 代表以 A 开头的字符串，%B 代表以 B 结束的字符串。

● _：下划线，代表单个字符。如 A_C 代表三个字符的字符串，第一个是 A，第三个是 C，中间字符任意。

● []：代表指定范围内的单个字符。例如 A[b,c,d]，表示的是 Ab、Ac 或者 Ad；也可以是一个范围，例如 A[a-h]，代表第一个字符为 A，第二个为 a 到 h 之间任意一个字符。

● [^]：代表不在指定范围内的单个字符，例如 [^a-h]。

该运算符要求的语法格式为：字段名 [NOT] LIKE ' 通配符 '

实例 4-11 查询输出 Stuinfo 表中姓李的同学的记录。代码如下：

Select * From Stuinfo where StuName Like ' 李 %'
在查询分析器中输入上述语句后，按 F5 键运行，查询结果如图 4-11 所示。

图 4-11   模式匹配运算符

(5) 空值运算符

数据库中的数据一般都应该是有意义的，但有些列的取值暂时不知道或者不确定，这时可以不输入该列的值，通常用 NULL 表示。语法格式为：

测试字段名 [NOT] is NULL

实例 4-12   查询输出 Stuinfo 表中年龄为空的记录。代码如下：

Select * From Stuinfo where Age is NULL

在查询分析器中输入上述语句后，按 F5 键运行，查询结果如图 4-12 所示。

图 4-12   空值运算符

（6）逻辑运算符

逻辑运算符用来连接多个条件，以便构成一个复杂的查询条件。逻辑运算符包括 AND、OR 和 NOT，分别是逻辑与、或、非。

AND：连接两个条件，如果两个条件都成立，则组合条件成立。

OR：连接两个条件，如果两个条件有任意一个成立，则组合条件成立。

NOT：对给定条件的结果取反。

语法格式为：逻辑表达式 1 OR/AND / NOT 逻辑表达式 2

实例 4-13　查询输出 Stuinfo 表中年龄大于 19 的男生记录。代码如下：

Select * From Stuinfo where Age>19 and Sex=' 男 '

在查询分析器中输入上述语句后，按 F5 键运行，查询结果如图 4-13 所示。

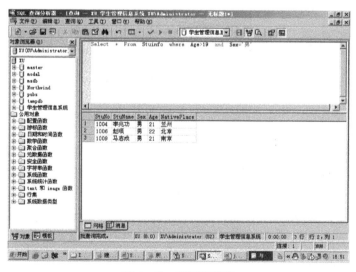

图 4-13　逻辑运算符

4.1.5　使用 Order By 子句

通常查询结果集中记录的显示顺序是它们在表中的顺序，但有时候用户希望按照表中某个字段的升序或者降序显示。通过 Order By 子句可以改变结果集中的显示顺序。Order By 子句的语法格式为：

Order By 列名 [ASC/DESC]……

ASC 表示按升序排列，DESC 按降序排列，默认为 ASC。在按多列排列时，先按写在前面的列排序，再按后面列排序。

实例 4-14　查询输出 Stuinfo 表中所有同学，要求按年龄降序排序，相同年龄的按学号升序排列。代码如下：

Select * From Stuinfo Order By Age DESC,StuNo

在查询分析器中输入上述语句后，按 F5 键运行，查询结果如图 4-14 所示。

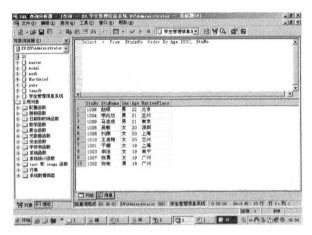

图 4-14　使用 Order By 子句

▶ 任务二　统计

对查询结果进行求总和、平均值、最大值、最小值的计算称为统计，它可以使用以下三种方法实现：

- 使用集合函数（SUM、AVG、COUNT、MAX、MIN 函数）。
- 使用 Group By 子句。
- 使用 Compute By 子句。

4.2.1　使用集合函数

集合函数是对某个字段的数据进行汇总计算，并将满足条件的记录汇总成一条新纪录。SQL Server 2000 包含以下集合函数。

（1）AVG 函数

AVG 函数用来计算一个数值型字段的平均值，该字段中的 NULL 值在计算过程中将被忽略。AVG 函数的语法格式为：

AVG([ALL/DISTINCT] 列名)

在这个语法格式中，ALL 关键字用于计算所有非空数据在该列上的平均值，DISTINCT 关键字用于计算所有不重复非空数据在该列上的平均值，默认为 ALL。

（2）SUM 函数

SUM 函数用于计算一个数值型字段的总和。它只能用于数值型字段，而且 NULL 值将被忽略。SUM 函数的语法格式为：

SUM([ALL/DISTINCT] 列名)

函数中各选项的含义与 AVG 相同。

（3）MAX 函数

MAX 函数用于计算一个数值型字段的最大值。它只能用于数值型字段，而且 NULL 值将被忽略。MAX 函数的语法格式为：

MAX ([ALL/DISTINCT] 列名)

函数中各选项的含义与 AVG 相同。

（4）MIN 函数

MIN 函数用于计算一个数值型字段的最小值。它只能用于数值型字段，而且 NULL 值将被忽略。MIN 函数的语法格式为：

MIN ([ALL/DISTINCT] 列名)

函数中各选项的含义与 AVG 相同。

（5）COUNT 函数

COUNT 函数用于计算一个字段所有记录的个数。COUNT 函数的语法格式为：

COUNT ([*/ALL/DISTINCT] 列名)

在上述格式中，* 用于统计表中所有记录的个数；ALL 用于统计表中所有非空记录的个数；DISTINCT 用于统计表中所有非空的不重复的记录的个数。

实例 4-15　查询输出 Stuinfo 表中所有同学的平均年龄、最大年龄、最小年龄、总年龄和记录的个数。代码如下：

Select 平均年龄 =AVG(Age), 总年龄 =SUM(Age), 最大年龄 =MAX(Age), 最小年龄 =MIN(Age), 记录个数 =COUNT(*) From Stuinfo

在查询分析器中输入上述语句后，按 F5 键运行，查询结果如图 4-15 所示。

图 4-15　使用集合函数

4.2.2　使用 GROUP BY 子句

GROUP BY 子句用于对结果集进行分组并对每一组数据进行汇总计算。语法格式为：

GROUP BY 列名 [HAVING 条件表达式]

GROUP BY 按"列名"指定的列进行分组，将该列值相同的记录组成一组，对每一组进行汇总计算。每一组生成一条记录。若有 HAVING 条件表达式选项，则表示对生成的组进行筛选后，再对每组进行汇总计算。

实例 4-16　查询输出 Stuinfo 表中男生和女生的平均年龄。代码如下：

Select Sex, 平均年龄 =AVG(Age) From Stuinfo GROUP BY Sex

在查询分析器中输入上述语句后，按 F5 键运行，查询结果如图 4-16 所示。

图 4-16　使用 GROUP BY 子句

注意

　　WHERE 子句是对表中的记录进行筛选，而 HAVING 子句是对组进行筛选，所以 HAVING 子句中可以有集合函数，而 WHERE 子句中不能有集合函数。

4.2.3　使用 COMPUTE BY 子句

　　COMPUTE BY 子句与集合函数功能类似，对查询结果集中的所有记录进行汇总统计。与 GROUP BY 的区别是 COMPUTE BY 子句不仅要显示汇总数据，还要显示参加汇总的记录的详细信息，而 GROUP BY 仅显示汇总数据。

　　COMPUTE BY 子句的语法格式为：

　　COMPUTE　聚集函数 [BY 列名]

实例 4-17　查询输出 Stuinfo 表中男生和女生的平均年龄，并显示分组后的详细记录。代码如下：

Select * From Stuinfo ORDER BY Sex COMPUTE AVG(Age) BY Sex

在查询分析器中输入上述语句后，按 F5 键运行，查询结果如图 4-17 所示。

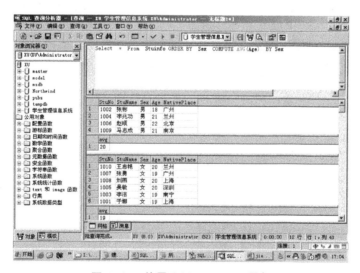

图 4-17　使用 COMPUTE BY 子句

注意

　　必须先按汇总的列排序后，才能用 COMPUTE BY 进行分组统计，所以 COMPUTE BY 子句必须与 ORDER BY 连用。

任务三 指定数据源

用 FROM 子句指定选择查询的数据来源。在实际应用中，一个选择查询往往需要从多个表中查询数据，这就需要使用连接查询。连接分为交叉连接、内连接、外连接和自连接四种。

4.3.1 使用交叉连接

交叉连接又称非限制连接，它将两个表不加任何约束地组合在一起，也就是将第一个表的所有记录分别与第二个表的每条记录组成新记录，连接后结果集的行数就是两个表的行数的乘积，结果集的列数就是两个表的列数之和。交叉连接格式为：

Select 列名列表 FROM 表名 1 CROSS JOIN 表名 2

实例 4-18　查询输出 Stuinfo 和 Stuinfo2 交叉连接后的结果。代码如下：

Select * From Stuinfo CROSS JOIN Stuinfo2

在查询分析器中输入上述语句后，按 F5 键运行，查询结果如图 4-18 所示。

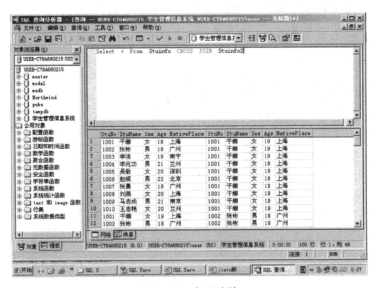

图 4-18　交叉连接

4.3.2 使用内连接

内连接也称自然连接。它是将两个表中满足连接条件的记录组合在一起。内连接就是将交叉连接产生的结果集中经过连接条件过滤后得到的。连接条件通常采用"on 主键 = 外键"的形式。内连接有以下两种语法格式。

语法格式为：

Select 列名列表 FROM 表名 1 JOIN 表名 2 ON 表名 1. 字段 = 表名 2. 字段

在上述格式中，若 Select 子句中有同名列，则必须用"表名 . 字段名"，若表名太长，可以给表定义一个简短的名称，称为别名。其语法格式为"表名 AS 别名"，引用列名时只能用别名或字段名，不能用原表名 . 字段名。

实例 4-19 查询输出 Stuinfo 和 Stuinfo2 内连接后的结果。代码如下：

Select * From Stuinfo as a JOIN Stuinfo2 as b ON a.StuNo=b.StuNo

在查询分析器中输入上述语句后，按 F5 键运行，查询结果如图 4-19 所示。

图 4-19 内连接

从结果集中可以看出，内连接所产生的记录是两个表中记录的交集。

4.3.3 使用外连接

外连接又分为左外连接、右外连接和全外连接三种。

（1）左外连接

左外连接就是将左表和右表的内连接结果显示出来，并且将左表中不符合条件的记录也显示出来，对应的右表中的字段取值为 NULL。

左外连接的语法格式为：

Select 列名列表 FROM 表名 1 LEFT JOIN 表名 2 ON 表名 1. 字段 = 表名 2. 字段

实例 4-20　查询输出 Stuinfo 和 Stuinfo2 左外连接后的结果。代码如下：

Select * From Stuinfo as a LEFT JOIN Stuinfo2 as b ON a.StuNo=b.StuNo

在查询分析器中输入上述语句后，按 F5 键运行，查询结果如图 4-20 所示。

图 4-20　左外连接

（2）右外连接

右外连接就是将左表和右表的内连接结果显示出来，并且将右表中不符合条件的记录也显示出来，对应的左表中的字段取值为 NULL。

右外连接的语法格式为：

Select 列名列表 FROM 表名 1 RIGHT JOIN 表名 2 ON 表名 1. 字段 = 表名 2. 字段

实例 4-21　查询输出 Stuinfo 和 Stuinfo2 右外连接后的结果。代码如下：

Select * From Stuinfo as a RIGHT JOIN Stuinfo2 as b ON a.StuNo=b.StuNo

在查询分析器中输入上述语句后，按 F5 键运行，查询结果如图 4-21 所示。

图 4-21 右外连接

（3）全外连接

全外连接就是将左表和右表的内连接结果显示出来，并且将左表中不符合条件的记录也显示出来，对应的右表中的字段取值为 NULL，将右表中不符合条件的记录也显示出来，对应的左表中的字段取值为 NULL。

全外连接的语法格式为：

Select 列名列表 FROM 表名 1 FULL JOIN 表名 2 ON 表名 1.字段 = 表名 2.字段

实例 4-22 查询输出 Stuinfo 和 Stuinfo2 全外连接后的结果。代码如下：

Select * From Stuinfo as a FULL JOIN Stuinfo2 as b ON a.StuNo=b.StuNo

在查询分析器中输入上述语句后，按 F5 键运行，查询结果如图 4-22 所示。

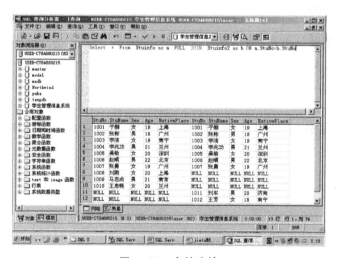

图 4-22 全外连接

4.3.4 使用自连接

自连接就是一张表自己与自己连接，使用它可以将同一表的不同行连接起来。使用自连接时，必须为表指定两个不同的别名，使之在逻辑上成为两个表。

实例 4-23 查询输出 Stuinfo 中具有相同籍贯的同学记录。代码如下：

Select * From Stuinfo as a JOIN Stuinfo as b ON a.StuNo!=b. StuNo AND a.NativePlace=b.NativePlace

在查询分析器中输入上述语句后，按 F5 键运行，查询结果如图 4-23 所示。

图 4-23 自连接

4.3.5 合并结果集

合并结果集就是指使用 UNION 语句可以把两个或两个以上的查询产生的结果集合并为一个结果集，语法格式如下：

Select 语句 1 UNION Select 语句 2

实例 4-24 查询输出 Stuinfo 中成绩前两名的记录和 Stuinfo2 中男同学记录。代码如下：

Select top 2 * From Stuinfo

UNION

Select * From Stuinfo2 where Sex=' 男 '

在查询分析器中输入上述语句后，按 F5 键运行，查询结果如图 4-24 所示。

图 4-24 合并结果集

▶▶ 任务四　子查询的使用

　　如果一个 Select 语句能返回一个数值或者一系列数值并嵌套在一个 SQL 语句里面，则称为子查询，而包含一个子查询的语句称为主查询。一个子查询也可以嵌套在另外一个子查询中。子查询总是写在圆括号中。

　　一个子查询可以用在允许使用表达式的任何地方。通常把子查询用在外层查询的 where 子句或者 having 子句中。

4.4.1　比较测试

　　使用子查询进行比较测试，通过比较运算符将一个表达式的值与子查询返回的单值进行比较。如果比较运算的结果为真，则该记录满足条件。

实例 4-25　查询输出 Stuinfo 中大于平均年龄的学生记录。代码如下：

Select * From Stuinfo where Age>(Select AVG(Age) From Stuinfo)
在查询分析器中输入上述语句后，按 F5 键运行，查询结果如图 4-25 所示。

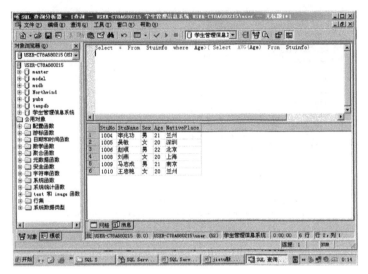

图 4-25　比较查询

4.4.2　集成员测试

使用子查询进行集成员测试，通过比较运算符将一个表达式的值与子查询返回的一系列数值进行比较。如果与其中一个数值相同，则该记录满足条件。

实例 4-26　查询输出 Stuinfo 表中与前三名同学相同年龄的学生记录。代码如下：

Select * From Stuinfo where Age in(Select top 3 Age From Stuinfo)

在查询分析器中输入上述语句后，按 F5 键运行，查询结果如图 4-26 所示。

图 4-26　集成员测试

4.4.3 存在性测试

使用子查询进行存在性测试，通过逻辑运算符 EXISTS 或者 NOT EXISTS，检查子查询所返回的结果集是否包含记录。使用逻辑运算符 EXISTS，如果该结果集中包含一条或多条记录，则存在性测试返回 TRUE；如果不包含任何记录，则存在性测试返回 FALSE。NOT EXISTS 将对存在性测试结果取反。

实例 4-27　查询输出 Student 表中是否在 Scores 表中存在成绩大于 90 的记录。代码如下：

Select * From Stuinfo where EXISTS (Select * From Scores where Score>90)

在查询分析器中输入上述语句后，按 F5 键运行，查询结果如图 4-27 所示。

图 4-27　存在性测试

4.4.4 批量比较测试

使用子查询进行批量比较测试，除了使用各种比较运算符以外，还需要用到两个逻辑运算符，即 ANY、ALL。

（1）使用 ANY 运算符进行批量比较测试

逻辑运算符 ANY 要求的语法格式如下：

字段　比较运算符 ANY（子查询）

使用 ANY 运算符进行批量比较时，通过比较运算符将一个表达式的值与子查询返回的一列值的每一个进行比较。只要有一次比较的结果为 TRUE，则 ANY 测试返回 TRUE。

例如：>ANY(1,2,3)，指大于三个中的任意一个即可，即只要大于 1 就可以。

实例 4-28　查询输出 Stuinfo 表中大于 Stuinfo2 前三名任意一位同学年龄的记录。代码如下：

Select * From Stuinfo where Age>ANY (Select top 3 Age From Stuinfo2)

在查询分析器中输入上述语句后，按 F5 键运行，查询结果如图 4-28 所示。

图 4-28　使用逻辑运算符 ANY

（2）使用 ALL 运算符进行批量比较测试

逻辑运算符 ALL 要求的语法格式如下：

字段　比较运算符 ALL（子查询）

使用 ALL 运算符进行批量比较时，通过比较运算符将一个表达式的值与子查询返回的一列值的每一个进行比较。比较的结果全部为 TRUE，则 ALL 测试返回 TRUE。

例如：>ALL(1,2,3)，指必须大于三个中最大的一个。

实例 4-29　查询输出 Stuinfo 表中大于 Stuinfo2 前三名所有同学年龄的记录。代码如下：

Select * From Stuinfo where Age>ALL (Select top 3 Age From Stuinfo2)

在查询分析器中输入上述语句后，按 F5 键运行，查询结果如图 4-29 所示。

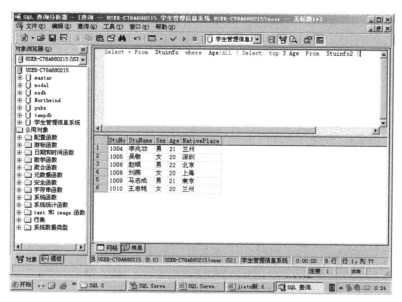

图 4-29 使用逻辑运算符 ALL

任务五 数据更新与删除

4.5.1 数据更新

当数据添加到表中后，如果某些数据发生了变化，就需要对表中的数据进行修改。在 SQL Server 中，对数据的修改可以通过 UPDATE 语句来实现。其语法格式为：

UPDATE 表名

SET 表达式

格式中 SET 子句指定被修改的列和修改后的数据。若有 Where 子句，则将满足条件的数据修改，否则全部记录都修改。

实例 4-30 将 Stuinfo 表中年龄都加 1。代码如下：

UPDATE Stuinfo

SET Age=Age + 1

在查询分析器中输入上述语句后，按 F5 键运行，查询结果如图 4-30 所示。

图 4-30　无条件 UPDATE 语句

实例 4-31　将 Stuinfo 表中男同学年龄都加 1。代码如下：

UPDATE Stuinfo

SET Age=Age+1 where Sex=' 男 '

在查询分析器中输入上述语句后，按 F5 键运行，查询结果如图 4-31 所示。

图 4-31　有条件 UPDATE 语句

4.5.2 删除数据

随着对数据的使用和修改，数据库中可能存在着一些无用的数据，这些无用的数据不仅占用空间，还会影响修改和查询的速度，所以应及时将它们删除。删除数据有两种方法，可以使用 Delete 语句删除，也可以使用 Truncate Table 语句删除。

（1）使用 Delete 语句删除数据

其语法格式为：

Delete　目标表名　[where 条件表达式]

格式中若有 Where 子句，则将满足条件的数据删除，否则全部记录都删除。

实例 4-32　将 Stuinfo 表中年龄 >20 的学生记录删除。代码如下：

Delete Stuinfo where Age>20

在查询分析器中输入上述语句后，按 F5 键运行，查询结果如图 4-32 所示。

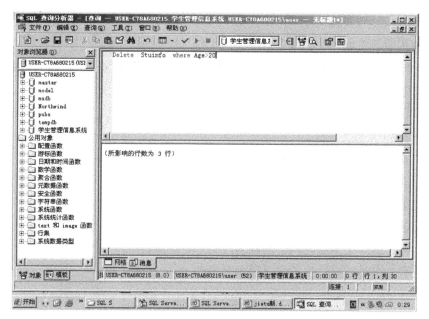

图 4-32　使用 Delete 语句

（2）使用 Truncate Table 语句删除数据

其语法格式为：

Truncate Table　目标表名　[where 条件表达式]

格式中若有 Where 子句，则将满足条件的数据删除，否则全部记录都删除。

实例 4-33　将 Stuinfo 表中女同学记录删除。代码如下：

Truncate Table Stuinfo where Sex=' 女 '

　　Truncate Table 语句提供了一种删除表中所有记录的快速方法，因为 Delete 语句在删除每一行时都要把删除操作记录在日志中，而 Truncate Table 语句则是通过释放表数据页面的方法来删除表中的数据，它只将对数据页面的释放操作记录到日志中，所以 Truncate Table 语句执行速度快，删除的数据是不可恢复的，而 Delete 语句操作可以通过事务回滚来恢复删除的数据。

> **注　意**
>
> 　　Truncate Table 语句和 Delete 语句只是删除表中的记录，表的结构还在，而 Drop Table 语句是删除表，表的结构和数据全部删除。

▶ 上机实战

　　1. 数据简单查询

　　（1）创建数据库及两个表：学生表 Student、成绩表 Score，并且插入数据。

　　（2）查询输出前三个同学的记录，并按年龄升序排列。

　　（3）将姓李的同学插入到新建的表 t1 中去。

　　2. 统计和指定数据源

　　（1）查询 Student 表中平均分、最高分、最低分和同学记录的个数。

　　（2）查询输出 Student 表中具有相同年龄的同学记录。

　　3. 更新、删除数据

　　（1）显示大于班级平均分的同学记录。

　　（2）将总分大于 600 的同学的姓名改为三好学生。

　　（3）将姓名为三好学生的同学记录都删除。

▶ 疑难解答

　　1. 查询难句：A 商品一个礼拜内总共分 4 次进货，共进 12 个，能不能用查看语句查出离今天最近的一次进货数量？

　　答：Select max(date),count(cargo_no) from table_name group by date。

　　2. 有时编写查询语句时写对了但是运行不出来怎么回事？

　　答：首先检查自己的语句是不是有问题，如果没有就检查标点，看一下是不是写成了中文标点，如果还不行，可能是查询分析器编辑器出了问题，将语句复制出来，关掉查询分析器再打开，粘贴上运行即可。

3. Delete、truncate、drop 分别对 student 表的操作是什么意思？其中 Delete、truncate 对表操作又有什么不同？

答：Drop table student 意思是指删除表，表的数据结构一起删除掉。

Delete student 和 truncate table student 意思都是指只删除表的数据而保留表的结构。

不同之处在于前者删除速度较慢，但是数据可以恢复；后者速度快但是删除的数据将不能再恢复。

4. 在 Access 和 SQL Server 2000 中，日常用到的函数使用有什么区别？

答：（1）Datediff：

算出日期差：

access:datediff('d',fixdate,getdate())

sqlserver:datediff(day,fixdate,getdate())

算出时间差：

access:datediff('h',fixdate,getdate())

sqlserver:datediff(Hour,'2004−12−10',getdate())

（2）日期变量

access:#"&data&"#

sqlserver:' "&data&" '

（3）求余数

access:a mod b ＝ 100

sqlserver:a % b ＝ 100

（4）获取当天日期

access:now()

sqlserver:getdate()。

▶ 习题

1. 填空题

（1）在限制返回行数中，取前 n 或 n% 条记录需要用到关键字_____。

（2）如果要删除结果集中的重复行，需要用到关键字_____。

（3）使用交叉连接连接 A、B 两个表，已知 A、B 两个表分别有 10、15 条记录，则他们交叉连接后记录条数是_____。

(4) 在合并结果集时会自动消除重复行,除非使用_____关键字。

(5) 如果将 student 表中年龄字段都加 1,可以使用语句 update student set____

_____。

2. 选择题

(1) 字段的基本属性不包括 (　　)。

    A. 约束　　　　B. 字段名　　　　C. 数据类型　　　　D. 数据长度

(2) 下面 (　　) 不是用来设置自动编号的。

    A. 标识　　　　B. 标识种子　　　　C. 标识递增量　　　　D. 精度

(3) 关键字 (　　) 可以用来设置主键。

    A. identity　　　　B. primary key　　　　C. constraint　　　　D. unique

(4) 以下关键字不能达到连接两个条件的是 (　　)。

    A. and　　　　B. in　　　　C. having　　　　D. or

(5) 使用 order by 子句对班级字段升序排序,最前面的是 (　　)。

    A. 微机一班　　　　　　　　B. 微机二班

    C. 微机三班　　　　　　　　D. 微机四班

(6) compute by 子句必须跟 (　　) 子句连用。

    A. order by　　　　B. into　　　　C. group by　　　　D. where

3. 思考题

(1) 用两种方法删除表中所有记录,哪种更好一些?

(2) 嵌套子查询和相关子查询的区别就什么?

4. 上机题

(1) 查询输出货品表 goods 中的"货品名称","库存量"两列。

(2) 查询输出货品表 goods 中"库存量 =0"的记录。

(3) 查询货品名称为"pen""book""desk"的记录,输出货品编号、货品名称、单价和库存量四列。

(4) 查询货品名称为"pen"、"book"的记录,输出货品编号、货品名称两列,字段货品编号改为货品的编号;字段货品名称改为货品的名称。

(5) 在货品表 goods 中查询库存量大于 500 的货品记录,输出货品名称、价格、九折后的价格,其中九折后的价格为价格乘以 0.9,结果按价格从高到低的顺序排列。

(6) 查询货品表 goods 中尚未定价的货品记录(货品信息为 0)。

(7) 查询客户表 Customers 中姓王的重庆客户。

(8) 查询输出客户表 Customers 中字段联系电话不为空的客户记录。

(9) 编写查询语句,查询订单表 Order 中查询订购了"pen"的订单个数。

(10) 实现外连接,查询出重庆客户的姓名、电话号码并显示他们订单的订单号、货品名称、订货数量和单价。

（11）实现内连接，查询出有订单的重庆客户的姓名、电话号码并显示他们订单的订单号、货品名称、订货数量和单价。

（12）实现自连接，查询客户表 Customers 中地址相同的客户的记录。

（13）建立子查询，在客户表 Customers 中查询有订单的客户记录。

（14）向表 goods 中添加行，插入一条记录（"pencil"，200，"张三",0.5）。

（15）修改数据，将表 goods 中库存量大于 1 000 的单价降低 10%。

（16）删除数据，将订单表 Orders 中 5 号客户的订单信息删除。

项目五

创建和使用视图

视图（View）是一种常用的数据库对象，在实际应用中，常为不同的用户创建不同的视图，允许用户通过各自的视图查看和修改表中相应的数据，这样可以保证不同的用户查看和修改表中不同的数据，从而保证数据的安全性。

项目要点：

- 视图的作用、优点和创建视图的限制条件
- 创建视图的三种方法
- 使用视图的部分操作应遵循的规则和注意事项
- 使用视图插入、更新、删除等操作
- 视图信息的查看、重命名视图、修改视图和删除视图等管理视图的操作

▶▶ 任务一　创建学生管理信息系统视图

5.1.1　视图概述

视图是一个虚拟表，其内容由查询定义，同真实的表一样，视图包含一系列带有名称的列和行数据。但是，视图并不在数据库中以存储的数据集形式存在。视图数据来自由定义视图的查询所引用的表，并且在引用视图时动态生成，当基表中数据发生变化时，可以从视图中直接反映出来。可以通过视图查看表中的数据，也可以通过视图更新数据，当通过视图进行更新操作时，操作的是基表中的数据。

视图在数据操作上和数据表没有什么区别，但两者的差异是其本质是不同的：数据表是实际存储记录的地方，然而视图并不保存任何记录，它存储的是视图的定义文本；视图所呈现出来的记录实际来自于数据表，可以为多张数据表，可以依据各种查询需要创建不同的视图，但不会因此而增加数据库的数据量。

5.1.2 视图的优点

视图是一个虚拟数据表，通过 SELECT 语句建立，可以是对多个表的查询，视图的优点主要有以下几个方面。

（1）简化查询操作

视图是通过 SELECT 语句建立的，可以是比较复杂的多个表的关联查询。如从 StuInfo、Score 表中查询出学生的基本信息和相关课程成绩，使用如下的查询语句：

USE StuInfoManagement

GO

SELECT 学号 = a.StuNo, 姓名 = a.StuName, 性别 = a.Sex,

　　　课程名称 = b.Course, 课程成绩 = b.Score

FROM

　　StuInfo AS a INNER JOIN Score AS b ON a.StuNo = b.StuNo

GO

如果要多次执行这个关联查询，只需要一条简单的查询视图语句就可以解决。在查询分析器中使用 CREATE VIEW 语句来建立一个视图。

USE StuInfoManagement

GO

CREATE VIEW StuScore

　　AS

　　SELECT 学号 = a.StuNo, 姓名 = a.StuName, 性别 = a.Sex,

　　　　课程编号 = b.ScoreId, 课程名称 = b.Course, 课程成绩 = b.Score

　　FROM

　　　　StuInfo AS a INNER JOIN Score AS b ON a.StuNo = b.StuNo

GO

视图创建完成后可以使用 SELECT 语句来通过视图查询数据。

USE StuInfoManagement

GO

SELECT* FROM StuScore

GO

视图简化了操作的复杂性，不需要掌握复杂的查询语句就能够实现对于多个表之间的复杂查询，而且对于视图的访问相对容易，简化了用户的操作。

（2）提高开发效率

在数据库开发过程中，可以通过访问视图实现查询功能。通过访问视图，在数据表的结构更改时，如果视图中的输出列没有发生变化，就可以避免对应用程序的修改，能够提高数据库的开发效率，降低开发成本。

（3）提高数据的安全性

虚拟数据表中的数据是在引用视图时动态生成的，其数据来自建立视图的基表，而表中存放的某个对象的完整信息，如果不希望用户查看到全部信息，则可以为该用户创建一个视图，只将允许查看的数据加入视图，通过权限设置，使该用户能够访问视图而不允许访问表，则能够保护表中的部分数据不被用户查看和操作。同时，还可以为不同的用户创建不同的视图，这样，视图就可以作为一种安全机制，通过视图可以限定用户查看和修改的数据表或者列，有权限的用户才能查看和修改其他的数据信息。

（4）便于数据的交换操作

有时 SQL Server 数据库需要与其他类型的数据库进行数据交换，如果要交换的数据存放在多个表中，进行数据交换操作就比较烦琐。可以将要交换的数据集中到一个视图中，再通过访问视图，使用虚拟数据表中的数据进行数据交换，这就能够简化数据的交换操作。

5.1.3　创建视图

视图能够简化查询等数据操作，能够提高数据的安全性，要发挥视图的这些优点，首先需要根据具体的应用目的来建立视图。SQL Server 2000 提供了企业管理器、视图创建向导和 CREATE VIEW 语句三种创建视图的方法。

具有创建视图的权限并对视图中要引用的表或者视图具有适当的权限是在一个 SQL Server 数据库中创建视图必须满足的基本条件。此外，创建视图时还应该注意以下几点：

1）只能在当前数据库中创建视图，创建视图所引用的表或者视图可以存放在其他的数据库中，甚至存放在其他的数据库服务器中。

2）在视图中最多只能引用 1024 列。

3）如果视图引用的表被删除，则当使用该视图时将返回一条错误信息，如果创建具有相同的表的结构新表来替代已删除的表视图则可以使用，否则必须重新创建视图。

4）当通过视图查询数据时，SQL Server 不仅要检查视图引用的表是否存在，是否有效，而且还要验证对数据的修改是否违反了数据的完整性约束。如果失败将返回错误信息，若正确，则把对视图的查询转换成对引用表的查询。

5）视图的命名必须符合 SQL Server 中标识符的命名规则。

6）不能在视图上创建索引；不能在规则、缺省、触发器的定义中引用视图。

7）建立视图时可以引用其他视图或者引用视图，SQL Server 2000 允许 32 层的视图嵌套。

（1）使用企业管理器创建视图

1）打开企业管理器，依次展开服务器组、服务器、数据库节点，选择要创建视图的数据库 StuInfoManagemet，右击【视图】，选择【新建视图】命令，如图 5-1 所示。

2）在查询设计器窗口中，单击【添加表】按钮，在【添加表】对话框中选择要使用的表。根据需要也可以选择视图或函数，选择完成后单击【添加】按钮，添加完成后，单击【关闭】按钮关闭对话框。如图 5-2 所示。

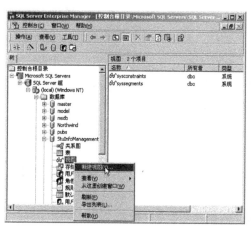
图 5-1　选择"新建视图"命令

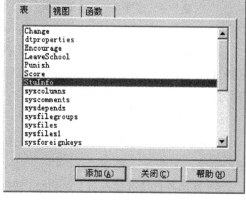
图 5-2　"添加表"对话框

3）添加表完成后，在【查询设计器】窗口中，选择视图引用的相应表的列，可以在查询设计器的第一或者第二个任务窗格中选择，也可以在第三个窗格中输入SELECT 语句来完成列的选择，选择完成后在相应的列名前显示对号标志。如图 5-3 所示。

4）选择列完成后还可以设定创建视图的查询条件、排序类型等。排序的选择直接在图 5-3 第二任务窗格中的相应列后选择升序还是降序排序；在条件一列中设定查询条件，在条件同一列中设定的条件为"AND"关系，如果要设定"OR"关系的条件，在条件或列中分别设定。

5）通过工具栏中的【运行】按钮来对视图返回的结果进行预览，结果显示在图 5-3 中的结果窗格中。

6）如果要设置视图的其他属性，可以右击窗格的任意处，选择【属性】命令，在图 5-4 所示的【属性】对话框中设定视图属性即可。

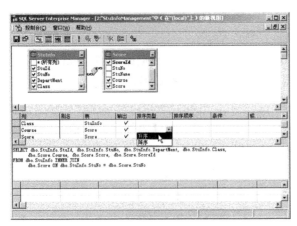

图 5-3　选择视图中引用的列

图 5-4　视图的"属性"对话框

7）视图创建完成后，单击工具栏上的【保存】按钮，或者右击任何一个窗格，选择【保存】命令，在【另存为】对话框中指定视图的名称，单击【确定】按钮，可将视图对象保存到数据库中。

（2）使用向导创建视图

1）在企业管理器中展开服务器组，展开一个服务器，在【工具】菜单中选择【向导】命令，如图 5-5 所示。

2）在出现的【选择向导】对话框中展开"数据库"节点，选择"创建视图向导"，单击【确定】按钮，如图 5-6 所示。

图 5-5　选择"向导"命令

图 5-6　"选择向导"对话框

3）在【创建视图向导】对话框中，单击【下一步】按钮，从"数据库名称"下拉列表中选择要创建视图的数据库，单击【下一步】按钮，如图 5-7 所示。

4）在【选择对象】对话框中选择要在视图中引用的一个或多个表，选择表时在相应的表后"包含在视图中"复选框单击即可，单击【下一步】按钮，如图 5-8 所示。

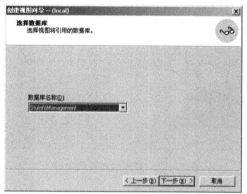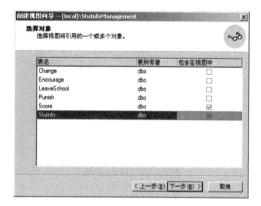

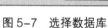

图 5-7　选择数据库　　　　　　　　　　图 5-8　选择对象

5）在【选择列】对话框中选择要在视图中显示的一个或多个字段，选择字段时在相应字段后"选择列"复选框单击即可，单击【下一步】按钮，如图 5-9 所示。

6）在【定义限制】对话框中，输入 where 语句来给出在视图中显示的记录需满足的条件，单击【下一步】按钮，如图 5-10 所示。

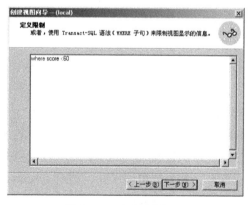

图 5-9　选择列　　　　　　　　　　　图 5-10　定义限制

7）在【命名视图】对话框中为所创建的视图指定名称，单击【下一步】按钮，如图 5-11 所示。

8）在【正在完成创建视图向导】对话框中，会显示使用向导创建视图各步骤中所设置的信息，可以直接在文本框中修改 CREATE VIEW 语句，然后单击【完成】

按钮，当出现【向导已完成】对话框时，单击【确定】按钮，如图 5-12 所示。

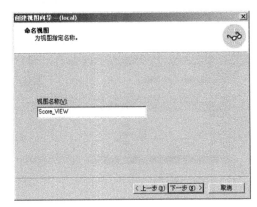

图 5-11　命名视图

图 5-12　完成创建视图向导

（3）使用 CREATE VIEW 语句创建视图

使用 CREATE VIEW 语句创建视图的语法格式为：

CREATE VIEW 视图名称 [（视图列名 [，…n]）]

[WITH 视图创建参数 [，…n]]

AS

select 语句

[WITH CHECK OPTION]

在上述语法格式中，创建视图时视图列名可以省略，如果没有指定，视图的列名将继承 SELECT 语句中的列名，但对于以下几种情况必须指定列名：视图引用的多个表中的数据列名称相同；视图列是由算术表达式、函数或常量派生得到的；希望视图中的某列与基表的列名不同。视图创建参数有 ENCYPTION、VIEW_METADATA、SCHEMBINDING 三个。其中 WITH ENCYPTION 的作用是 SQL Server 对创建视图的文本加密，视图的定义信息存放在 syscomments 系统表中，通过系统存储过程 sp_helptext 或者直接打开系统表 syscomments 都可以查看视图的定义信息，如果使用该子句，则对 syscomments 中的视图定义加密，从而使视图定义不被他人查看或者在 SQL 进行发布时对源代码隐藏。创建视图时可以引用多个数据库中的多个表或者其他视图，WITH CHECK OPTION 子句的作用是在视图上执行的所有数据修改语句都必须符合 SELECT 语句中的 WHERE 子句所指定的条件，通过视图修改记录，WITH CHECK OPTION 可确保提交修改后，仍可通过视图看到修改的数据。

使用 CREATE VIEW 语句创建视图时，只需要在查询分析器中写入相应的 SQL 语句执行即可。

实例 5-1　使用 CREATE VIEW 语句创建视图。

```
USE StuInfoManagement        -- 在 StuInfoManagemet 数据库中创建视图
GO
CREATE VIEW view1
    WITH ENCRYPTION          -- 对 CREATE VIEW 语句的文本进行加密
    AS
    SELECT * FROM Score WHERE score>60
    WITH CHECK OPTION        -- 对视图执行的数据修改必须满足 WHERE 指
定的条件
    GO
```

视图创建完成之后，可以在企业管理器中单击相应数据库的"视图"节点，在详细信息窗格中会列表显示出包含在当前数据库中的视图。

▶▶ 任务二　使用视图

5.2.1　在视图上检索数据

视图可以简化查询操作，由被引用的表或者视图的数据动态生成虚拟数据表，所以可以使用视图来检索数据。

使用视图检索数据，在 SELECT 语句中表名的位置更换成视图名称即可。

实例 5-2　使用视图检索数据。

```
USE StuInfoManagement
GO
SELECT * FROM StuScore
GO
```

在查询分析器中执行语句结果如图 5-13 所示。

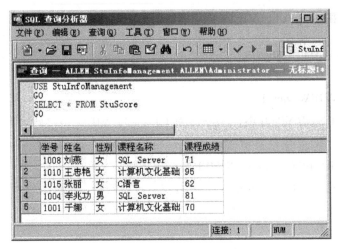

图 5-13　使用视图查询数据

> **注意**
>
> 使用 SELECT 语句中的 WHERE 子句，可以实现使用视图对数据的条件检索，语法与对数据表操作相同，但是使用视图检索数据时，不可以使用统计函数、ORDER BY、GROUP BY、TOP、DISTINCT 等语句。

5.2.2　使用视图添加数据

视图除了可以进行查询记录外，也可以利用视图进行插入（INSERT）、更新（UPDATE）和删除（DELETE）记录的操作，通过视图可以减少对被引用表中信息的直接操作，提高数据的安全性。

在视图上使用 INSERT 语句进行数据添加时，必须符合以下规则：

（1）使用 INSERT 语句向表中添加数据时，用户必须有在表中添加数据的权力。

（2）视图中不能包含多个字段值的组合，或者包含使用统计函数的结果。

（3）视图中不能包含 DISTINCT 或者 GROUP BY 子句。

（4）如果视图中使用了 WITH CHECK OPTION 子句，添加的数据必须满足 SELECT 语句所设置的条件，否则 SQL Server 会拒绝。

（5）添加数据不能同时影响多个表中的数据变化，如果通过一个引用了多个表的视图进行添加数据操作时，必须使用多个 INSERT 语句分别进行添加。

（6）视图引用表中的部分字段，通过视图添加数据时只能明确指定视图中引用的字段的取值，而表中为被引用的字段，必须清楚在没有指定取值的情况下如何填充数据，视图中为被引用的表中的字段必须满足允许空值、设有默认值、标识字段等条件之一。

实例 5-3 使用视图添加数据。

USE StuInfoManagement
GO
INSERT view1 (scoreid,stuno,course,score)
VALUES(5001, '1003', ' 网络技术 ' , 88)
GO

5.2.3 使用视图更新数据

在视图上使用 UPDATE 语句更新数据时，除了应该符合在视图中添加数据的相关规则外，还应该符合以下条件：

（1）不能更新具有标示属性的列的值。

（2）不能在 SET 子句中将 DEFAULT 关键字指定为列值。

（3）同一视图或者成员表存在自连接，不能进行更新操作。

实例 5-4 使用视图更新数据。

USE StuInfoManagement
GO
UPDATE view1 SET score=78 WHERE stuno = '1003' AND course = ' 网络技术 '
GO

5.2.4 使用视图删除数据

在视图上同样可以执行 DELETE 语句，来删除被引用表中的相关记录。

实例 5-5 使用视图删除数据。

USE StuInfoManagement
GO
DELETE view1 WHERE score <70
GO

注意

在删除被引用表中记录时，应保证视图或者被引用表中不存在自连接，否则将无法进行删除操作。

▶▶任务三　管理视图

视图的管理包括视图信息的查看、视图的重命名、视图的修改和视图的删除等操作。

5.3.1　查看视图信息

视图建立之后，可以使用企业管理器或者系统存储过程查看视图的信息，包括视图的基本信息、视图的定义信息和视图与表或者视图的依赖关系等。

（1）查看视图的基本信息

视图的基本信息包括视图的名称、所有者、视图类型和创建时间等。使用企业管理器或者系统存储过程 sp_help 都可以查看视图的基本信息。

使用企业管理器查看视图的基本信息步骤如下：

1）在企业管理器中依次展开服务器组、服务器、数据库节点，选择要查看视图所在的数据库。

2）单击当前数据库下的【视图】图标，在详细信息窗口中显示了当前数据库中所有视图的基本信息，包括视图名称、所有者、类型和创建日期等信息，如图 5–14 所示。

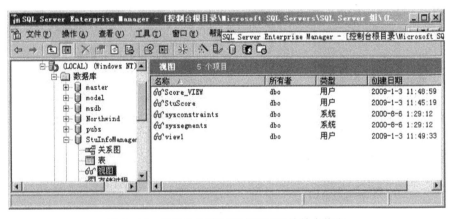

图 5–14　使用企业管理器查看视图的基本信息

除了使用企业管理器，还可以通过系统存储过程 sp_help 查看视图的基本信息。使用 sp_help 查看视图基本信息的语法格式如下：

[EXECUTE] sp_help 视图名称

实例 5-6 使用 sp_help 查看视图的基本信息。

USE StuInfoManagement

GO

sp_help StuScore

GO

运行结果如图 5-15 所示。

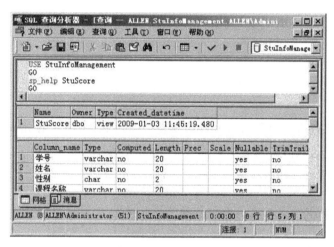

图 5-15 使用 sp_help 查看视图基本信息

（2）查看视图的定义信息

在建立视图时，如果使用了 WITH ENCRYPTION 子句，则 SQL Server 对系统表 syscomments 中的视图创建文本进行加密，从而防止视图定义信息被查看。只有建立视图时省略了该子句，才能查看到视图的定义信息。

使用企业管理器查看视图的定义信息步骤如下：

1）在企业管理器中依次展开服务器组、服务器、数据库节点，选择要查看视图所在的数据库。

2）单击当前数据库下的【视图】图标，在详细信息窗口中显示了当前数据库中所有视图的基本信息，包括视图名称、所有者、类型和创建日期等信息。右击要查看定义信息的视图，在弹出的菜单中选择【属性】命令，弹出如图 5-16 所示的【查看属性】对话框。

3）在【查看属性】对话框中显示了视图的名称、所有者、创建日期等基本信息，以及视图的定义信息，可以在"文本"框中对视图的定义信息进行修改，单击【检查语法】按钮以检查定义信息是否存在语法错误。单击【确定】按钮，关闭【查看属性】对话框。

图 5-16 "查看属性"对话框

可以使用系统存储过程 sp_helptext 查看视图的定义信息。使用 sp_helptext 查看视图定义信息的语法格式如下：

[EXECUTE] sp_helptext 视图名称

实例 5-7 使用 sp_helptext 查看视图的定义信息。

USE StuInfoManagement

GO

sp_helptext score_VIEW

GO

运行结果如图 5-17 所示。

图 5-17 使用 sp_helptext 查看视图的定义信息

（3）查看视图的依赖关系

视图中的数据是源自表或者其他视图的，同时 SQL Server 允许视图嵌套，当前的视图也可能被其他的视图所引用，所以视图和数据库对象之间存在依赖关系，可以通过企业管理器或者系统存储过程 sp_depends 来查看视图的依赖关系。

使用企业管理器查看视图的依赖关系步骤如下：

1）在企业管理器中依次展开服务器组、服务器、数据库节点，选择要查看视图所在的数据库。

2）单击当前数据库下的【视图】图标，在详细信息窗口中，右击要查看的视图的名称，选择【所有任务】命令下的【显示相关性】，如图 5-18 所示。

3）弹出视图的【相关性】对话框，如图 5-19 所示。其中显示了依附于当前视图和当前视图依附的对象列表。单击【关闭】按钮，关闭【相关性】对话框。

图 5-18 "显示相关性"命令

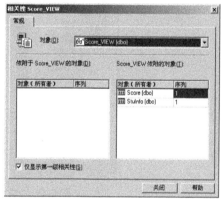
图 5-19 "相关性"对话框

使用系统存储过程 sp_depends 可以查看视图与数据库对象间的依赖关系，其语法格式为：

[EXECUTE] sp_depends 视图名称

实例 5-8　使用 sp_depends 查看视图的依赖关系。

USE StuInfoManagement

GO

sp_depends score_VIEW

GO

5.3.2 | 重命名视图

视图建立以后，可以修改视图的名称，可以使用企业管理器或者系统存储过程 sp_rename 来对视图重命名。

（1）使用企业管理器重命名视图

在企业管理器中，选择相应数据库中的数据表，单击【视图】图标，在详细信息窗格中显示出数据表中所有的视图，在要重命名的视图名称上面右击，在弹出的菜单中选择【重命名】命令，或者是选中相应的视图名称在【操作】菜单中选择【重命名】命令，输入新的视图名称。完成后，系统弹出【重命名】确认信息对话框，单击【是】按钮，完成视图的重命名，如图 5-20 所示。

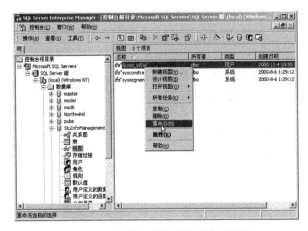

图 5-20　使用企业管理器重命名视图

（2）使用 sp_rename 重命名视图

使用 sp_rename 修改视图名的语法格式如下：

[EXECUTE] sp_rename ' 视图当前的名称 ',' 视图新名称 '

实例 5-9　使用 sp_rename 重命名视图。

```
USE StuInfoManagement
GO
sp_rename 'StuScore', 'StuScore_View'
GO
```

> **注意**
>
> 更改对象名的任一部分都可能破坏脚本和存储过程。

5.3.3 修改视图

视图的修改是修改视图的定义信息，对一个已经存在的视图，可以使用企业管理器或者 ALTER VIEW 语句完成修改视图操作。

（1）使用企业管理器修改视图

1）打开企业管理器，展开相应的服务器，双击"数据库"节点，选择相应的数据库，单击【视图】图标，在详细信息窗格中右击要修改的视图，在弹出的菜单中选择【设计视图】命令。

2）弹出的【设计视图】窗口与图 5-3 所示的窗口类似，可以按照使用企业管理器创建视图的方法来完成对视图的修改。

注意

如果要修改的视图在创建时使用了 WITH ENCRYPTION 子句，通过企业管理器进行视图的修改操作，SQL Server 会给出错误提示信息。

（2）使用 ALTER VIEW 语句修改视图

使用 ALTER VIEW 语句修改视图的语法格式如下：

ALTER VIEW 视图名称 [（视图列名 [，…n]）]

[WITH 视图创建参数 [，…n]]

AS

select 语句

[WITH CHECK OPTION]

语法中的各项参数与 CREATE VIEW 语句中的含义相同，如果原来创建视图语句中使用了 WITH ENCRYPTION 视图创建参数或者 WITH CHECK OPTION，在使用 ALTER VIEW 语句修改视图时必须也包含这些子句，才能进行修改操作。

实例 5-10 使用 ALTER VIEW 语句修改视图。

```
USE StuInfoManagement
GO
ALTER VIEW StuScore_VIEW
    AS
    SELECT 学号 = a.StuNo, 姓名 = a.StuName, 性别 = a.Sex,
            课程名称 = b.Course, 课程成绩 = b.Score
    FROM
```

StuInfo AS a INNER JOIN Score AS b ON a.StuNo = b.StuNo

　　　　WHERE score>=75

　　　　GO

5.3.4　删除视图

　　对不需要或者无意义的视图可以删除，删除视图的操作不会对视图所引用的表或视图造成影响。如果以该视图为基础创建了其他数据库对象，删除视图操作能够完成，但是任何创建在该视图上的数据库对象的操作都会发出错误。可以使用企业管理器或者 DROP VIEW 语句来删除视图。

　　（1）使用企业管理器删除视图

　　1）打开企业管理器，展开服务器组，展开服务器。双击数据库文件夹，选中相应的数据库，单击【视图】图标，在详细信息任务窗格中显示出数据库中所有视图，右击要删除的视图，在弹出菜单中选择【删除】命令，或者单击要删除的视图，在【操作】菜单中选择【删除】命令，如图 5-21 所示，或者单击要删除的视图，直接按下键盘上的 Del 键，这三个操作都会弹出【除去对象】对话框。

　　2）在【除去对象】对话框中单击【全部除去】按钮，即可删除视图，如图 5-22 所示。

 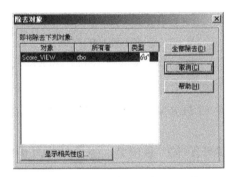

　　　　　图 5-21　删除视图命令　　　　　　　图 5-22　"除去对象"对话框

　　3）由于视图与其他数据库对象之间可能有依赖关系，删除视图操作可能会引起建立在视图上的其他数据库对象操作发生错误，在【除去对象】对话框中单击【显示相关性】按钮来查看与该视图有依赖关系的其他数据库对象。

　　4）删除视图后，单击【关闭】按钮，关闭对话框。

　　（2）使用 DROP VIEW 语句删除视图

　　使用 DROP VIEW 语句删除视图的语法格式如下：

DROP VIEW 视图名称 [, …n]

实例 5-11　使用 DROP VIEW 语句删除视图。

USE StuInfoManagement

GO

DROP VIEW StuScore_VIEW, Score_VIEW, view1

GO

使用 DROP VIEW 语句可以一次删除多个视图，视图名称之间使用逗号 "," 隔开即可。

▶▶ 上机实战

1. 以 StuInfo、Encourage、Punish 三个表来创建视图 StuEnPu_view，其中包含 StuInfo 表中的 StuNo、StuName、Sex 三个字段，Encourage 表中的 EncourageName、EncourageTime 字段，以及 Punish 表中的 PunishName、PunishTime 字段。

创建视图的方法有三种：使用企业管理器创建视图、使用向导创建视图、使用 CREATE VIEW 语句创建视图。使用企业管理器和向导的方法步骤可参考 5.1.3 的内容。使用 CREATE VIEW 语句创建视图的代码如下：

USE StuInfoManagement

GO

CREATE VIEW StuEnPu_view

AS

Select a.StuNo, a.StuName, a.Sex, b.EncourageName, b.EncourageTime, c.PunishName, c.PunishTime

FROM StuInfo AS a INNER JOIN Encourage AS b ON a.StuNo = b.StuNo INNER JOIN Punish AS c ON a.StuNo = c.StuNo

GO

2. 查看视图 StuEnPu_view 的信息

（1）查看视图的基本信息可以使用企业管理器或者系统存储过程 sp_help 来完成。使用企业管理器的步骤可参考 5.3.1，使用 sp_help 查看视图的基本信息代码如下：

USE StuInfoManagement

GO

EXECUTE sp_help StuEnPu_view

GO

（2）查看视图的定义信息可以使用企业管理器或者系统存储过程 sp_helptext 来完成。使用企业管理器的步骤可参考 5.3.1，使用 sp_helptext 查看视图的定义信息代码如下：

USE StuInfoManagement

GO

EXECUTE sp_helptext StuEnPu_view

GO

（3）查看视图的依赖关系可以使用企业管理器或者系统存储过程 sp_depends 来完成。使用企业管理器的步骤可参考 5.3.1，使用 sp_depends 查看视图的依赖关系代码如下：

USE StuInfoManagement

GO

EXECUTE sp_depends StuEnPu_view

GO

3. 修改视图 StuEnPu_view

修改视图 StuEnPu_view，要求对修改后的视图 StuEnPu_view 的定义信息进行加密。

修改视图可以使用企业管理器或者 ALTER VIEW 语句来完成，使用企业管理器修改视图的步骤可参考 5.3.3，使用 ALTER VIEW 语句修改视图代码如下：

USE StuInfoManagement

GO

ALTER VIEW StuEnPu_view

WITH ENCRYPTION

AS

Select a.StuNo, a.StuName, a.Sex, b.EncourageName, b.EncourageTime, c.PunishName, c.PunishTime

FROM StuInfo AS a INNER JOIN Encourage AS b ON a.StuNo = b.StuNo INNER JOIN Punish AS c ON a.StuNo = c.StuNo

GO

4. 使用视图 StuEnPu_view 添加数据到表 StuInfo 中

USE StuInfoManagement

GO

INSERT StuEnPu_view(StuNo, StuName, Sex) VALUES('1020', ' 张三 ', ' 男 ')

GO

5. 删除视图 StuEnPu_view

可以使用企业管理器或者 DROP VIEW 语句来删除视图，使用企业管理器删除视图的步骤可参考 5.3.4，使用 DROP VIEW 语句删除视图代码如下：

USE StuInfoManagement

GO

DROP VIEW StuEnPu_view

▶▶ 疑难解答

1. WITH ENCRYPTION 语句的作用是什么？

答：为视图的定义信息进行加密，使用 WITH ENCRYPTION 语句后，使用企业管理器查看视图的属性，得到 /****** Encrypted object is not transferable, and script can not be generated. ******/ 的提示信息，如果使用 sp_helptext 系统存储过程查看视图的定义信息，得到对象备注已加密的提示信息。使用 WITH ENCRYPTION 语句还会影响到对视图的修改，带有 WITH ENCRYPTION 语句的视图只能使用 ALTER VIEW 语句进行修改，并且修改时必须带有 WITH ENCRYPTION 语句。

2.WITH CHECK OPTION 语句的作用是什么？

答：在创建视图时，如果 SELECT 语句中设定了 WHERE 条件，同时使用了 WITH CHECK OPTION 语句，则通过视图对数据进行的修改操作必须满足 WHERE 语句所设定的条件。

如在实例 5-1 中创建视图 view1 的语句中设定了条件 Score>60，则通过视图修改数据时必须满足 Score>60 的条件设定，可通过 view1 更新 Score 表中的数据，例如：

USE StuInfoManagement

GO

INSERT view1 (scoreid,stuno,course,score)

VALUES(6001, '1005', ' 多媒体技术 ', 58)

GO

在查询分析器中运行，结果窗格会报错，报错信息为：

服务器：消息 550，级别 16，状态 1，行 1

试图进行的插入或更新已失败，原因是目标视图或者目标视图所跨越的某一视图指定了 WITH CHECK OPTION，而该操作的一个或多个结果行又不符合 CHECK OPTION 约束的条件，语句已终止。

报错的原因即为 58<60，没有满足创建视图时指定的条件，同时使用了 WITH

CHECK OPTION 语句。

3. 如何通过一个引用了多个表的视图进行插入数据操作?

答:使用视图进行数据的插入操作,一个需要注意的地方是插入数据不能同时影响多个表中的数据变化,如果要通过一个引用了多个表的视图进行插入数据操作,应该使用多个 INSERT 语句分多次进行。如视图 StuScore 引用了 StuInfo 和 Score 两个表,通过 StuScore 插入数据,应使用两个 INSERT 语句进行。

4. 为什么使用企业管理器或者系统存储过程 sp_rename 对视图进行重命名后,视图的定义信息中的名称没有改变?

答:sp_rename 重命名视图不会更改 sys.sql_modules 类别视图的定义列中相应对象名的名称。因此,建议不要使用 sp_rename 重命名视图。而是删除视图,然后使用新名称重新创建。

习题

1. 填空题

(1) 视图是一个_____,其内容由查询定义,同真实的表一样,视图包含一系列带有名称的列和行数据。但是,视图并不在数据库中以存储的数据集形式存在,在数据库中保存了视图的_____。

(2) 创建视图时可以最多引用_____列,还可以引用其他的视图,在 SQL Server 2000 中,最多允许_____视图嵌套。

(3) _____语句的作用是 SQL Server 对创建视图的文本加密,视图的定义信息存放在系统表_____中,通过系统存储过程_____可以查看视图的定义信息。

(4) 可以使用系统存储过程_____来查看视图的基本信息,使用存储过程_____来查看视图的定义信息,使用系统存储过程_____来查看视图的依赖关系,使用系统存储过程_____来重命名试图,使用_____语句来修改视图,使用_____语句来删除视图。

2. 选择题

(1) 视图的作用是(　　)。

    A. 集中数据　　　　　　　　B. 起到安全性作用

    C. 作为数据源　　　　　　　D. 便于数据交换

(2) 视图在数据库中的存放方式为(　　)。

    A. SELECT 语句　　　　　　B. 视图定义文本

    C. 数据表　　　　　　　　　D. CREATE VIEW 语句

（3）视图可引用的列最多为（　　）。

A. 256　　　　　　　　　　　B. 1024

C. 2048　　　　　　　　　　 D. 65536

（4）视图定义中，SQL Server 2000 最多允许（　　）层的视图嵌套。

A. 8　　　　　　　　　　　　B. 16

C. 32　　　　　　　　　　　 D. 64

（5）可以使用系统存储过程（　　）重新命名视图。

A. sp_depends　　　　　　　 B. sp_help

C. sp_rename　　　　　　　　D. sp_helptext

3．思考题

（1）视图和数据表的区别是什么？

（2）视图的优点有哪些？

（3）创建视图时有哪些注意事项？

（4）在视图上使用 INSERT 语句进行数据添加时，需要遵循的原则有哪些？

（5）通过视图进行数据更新时，需要注意哪些方面？

4．上机题

（1）在 StuInfoManagement 数据库中使用 CREATE VIEW 语句创建视图 StuBasicAll_View，其中包含 StuInfo 表中的 StuNo、StuName、Sex 三个字段，Score 表中的 Course、Score 字段，Encourage 表中的 EncourageName、EncourageTime 字段，以及 Punish 表中的 PunishName、PunishTime 字段，对视图定义文本进行加密。

（2）使用视图检索出学生的基本信息。

（3）使用 ALTER VIEW 语句修改视图为仅包含籍贯是上海的学生的信息。

（4）使用系统存储过程查看视图的基本信息和与其他数据库对象的依赖关系。

（5）使用 DROP VIEW 语句删除视图。

项目六

T-SQL 程序设计

SQL Server 中的编程语言就是 Transact-SQL（T-SQL）语言，使用 T-SQL 编写应用程序可以完成数据库管理工作。任何应用程序，只要目的是向 SQL Server 2000 的数据库管理系统发出命令以获得数据库管理系统的响应，最终都必须体现为以 T-SQL 语句为表现形式的指令。对用户来说，T-SQL 是唯一可以和 SQL Server 2000 的数据库管理系统进行交互的语言。本项目讲述 T-SQL 程序设计，首先介绍批处理、脚本和注释的概念和应用，然后讨论常量、变量的定义和使用、函数及流程控制语句等知识。

项目要点：

- 批处理、脚本和注释等程序设计基础知识及应用
- 常量的分类、注意事项和具体使用
- 声明、赋值和使用局部变量，使用全局变量
- 系统函数的分类及应用
- 用户自定义函数的创建、修改、删除及使用等各种操作
- 流程控制语句的分类、使用场合和综合应用

▶ 任务一　使用批处理、脚本和注释

当要完成的任务不能由单独的 T-SQL 语句来完成时，SQL Server 使用批处理、脚本、存储过程、触发器等来组织多条 T-SQL 语句。本任务主要介绍批处理和脚本的相关知识，注释语句的形式和使用。

6.1.1　批处理

批处理指包含一条或多条 T-SQL 语句的语句组，这组语句从应用程序一次性发送到 SQL Server 服务器执行。SQL Server 服务器将批处理语句编译成一个可执行单

元，称为执行单元。

书写批处理时，go 语句作为批处理的结束标志，当编译器读取到 go 语句时，会把 go 语句前的所有语句当作一个批处理，并将这些语句打包发送给服务器。go 语句本身不是 T-SQL 语句的组成部分，只是一个表示批处理结束的前端指令。

在一个 go 语句行中不能包含其他 T-SQL 语句，但可以使用注释文字。

若批处理中的某条语句出现语法错误，如引用了一个不存在的对象，则整个批处理就不能被成功的编译和执行，这是批处理的语法错误。若批处理中的语句出现运行错误，如违反了表中设定的约束，它仅影响该条语句的执行，并不影响批处理中的其他语句，这是批处理的执行错误。

建立批处理时，应当注意以下几点：

● CREATE DEFAULT、CREATE RULE、CREATE TRIGGER 和 CREATE VIEW 等语句在同一个批处理中只能提交一个。

● 不能在删除一个对象之后，在同一批处理中再次引用这个对象。

● 不能把规则和默认值绑定到表字段或者自定义字段上之后，立即在同一批处理中使用它们。

● 不能定义一个 CHECK 约束之后，立即在同一个批处理中使用。

● 不能修改表中一个字段名之后，立即在同一个批处理中引用这个新字段。

● 使用 SET 语句设置的某些 SET 选项不能应用于同一个批处理中的查询。

● 若批处理中第一个语句是执行某个存储过程的 EXECUTE 语句，则 EXECUTE 关键字可以省略。若该语句不是第一个语句，则必须写上，或者简写为"EXEC"。

实例 6-1 SQL Server 中的批处理。

```
USE StuInfoManagement
GO
PRINT '学生信息如下：'
SELECT * FROM StuInfo
PRINT '学生表中记录个数为：'
SELECT COUNT(*) FROM StuInfo
GO
```

从 GO 语句的个数可以看出，例子中包含有两个批处理，第一个批处理打开数

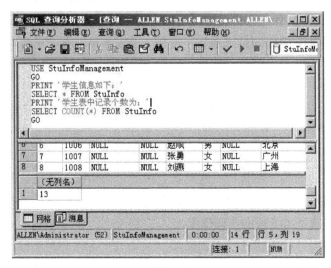

据库，第二个显示学生信息及记录个数，运行结果如图 6-1 所示。

图 6-1　批处理执行结果

6.1.2　脚本

脚本是存储在文件中的一系列 SQL 语句，即一系列按顺序提交的批处理。

T-SQL 脚本中包含一个或者多个批处理。使用脚本可以将创建和维护数据库等各种操作步骤保存为一个磁盘文件（后缀名为 .sql）。将 T-SQL 语句保存为脚本文件，不仅可以使操作重现，实现代码的模块化，而且可以在不同的计算机之间进行传送，使多台计算机对数据库执行相同的操作。

脚本可以在查询分析器中执行，也可以在 isql 和 osql 实用程序中执行。查询分析器是建立、编辑和执行脚本的一个最好的环境。在查询分析器中，可以新建、保存、打开脚本文件，还可以在脚本文件中输入和修改 T-SQL 语句，并且可以通过执行 T-SQL 语句来查看脚本的执行结果，从而检验脚本文件的正确性。

6.1.3　注释

注释语句是程序中的不可执行语句，不参与程序的编译，注释通常用于代码语句的说明。为程序添加注释不仅能够使程序易懂，而且能够增强程序的管理和可维护性。在 T-SQL 程序设计中，注释通常用于记录程序名称、作者信息或者代码的维护更改日期，也用来描述复杂计算或者解释编程方法等。另外，在调试程序时，注释发挥禁用语句的功能，由于注释对文档的代码而言没有任何用处，如想临时让一部分的 SQL 语句失去效用，可以简单地使用注释符号包含它们，当准备再次使用这些语句时，只需要删除注释符号。

SQL Server 支持两种形式的注释语句：行注释和段注释。

（1）行注释

如果注释的内容较少，可以将注释内容放入一行中，语法格式为：

-- 注释内容

行注释可以与被注释的代码在同一行中，也可以独占一行，从双连字符（--）开始到行尾的部分均为注释内容。如果要在程序中使用行注释的形式添加多行注释，必须在每一个注释行的开始都是用双连字符。

（2）段注释

如果要给程序所添加的注释内容较多，则可以使用段注释，语法格式为：

/* 注释内容 */

段注释可以与被注释语句处在同一行中，也可以另起一行，甚至可以放在可执行代码内。在注释开始字符对（/*）和注释结束字符对（*/）之间的内容为注释部分。

注意

使用段注释时，注释内容不应该出现其他注释字符。段注释不能跨越批处理，即不能在段注释内包含以"GO"开头的注释内容，否则"GO"命令将被视为指令，把注释段分为两部分，从而出现语法错误。

技巧

把所选的多个行一次都设为行注释的快捷键是 Shift+Ctrl+C；一次取消多个行注释的快捷键是 Shift+Ctrl+R。

实例 6-2　注释的使用。

```
/* 脚本作者：Author
   创建日期：2008-10-31*/
USE StuInfoManagement   -- 打开学生信息管理数据库
GO
SELECT * FROM StuInfo   -- 查询学生的信息
GO
```

▶▶ 任务二　常量的使用

常量，也称为文字值或标量值，是表示一个特定数据值的符号。常量的格式取决于它所表示的值的数据类型。在 SQL 中提供了对常量的支持，以方便用户更好更灵活地使用 SQL 语句。SQL 中的常量分为四种，分别为数字常量、字符串常量、日期和时间常量及符号常量。

6.2.1　数字常量

整数和小数都可以作为数字常量使用。整数型常量以没有用引号括起来并且不包含小数点的数字字符串来表示。

整数型常量必须全部为数字，它们不能包含小数，例如 1000。

小数常量以没有用引号括起来并且包含小数点的数字字符串来表示，例如 5.55。

数字常量前面可加正负号，在数字常量的各位之间不能加逗号，例如 −3.14，123456 不能写为 123，456。

浮点常量使用符号 e 来表示，例如 3.14e6 表示 3.14 乘以 10 的 6 次方。

6.2.2　字符串常量

SQL 规定字符数据常量要包含在单引号内，并包含字母数字字符（a ~ z、A ~ Z 和 0 ~ 9）及特殊字符，如感叹号 "!"、at 符 (@) 和数字号 (#)。例如 'I Love China'。

如果单引号中的字符串包含一个嵌入的引号，可以使用两个单引号表示嵌入的单引号。例如 'I Love' 'China' 表示 I Love' China。

6.2.3　日期和时间常量

SQL 规定日期、时间和时间间隔的常量值被指定为字符串常量。下面的书写就合法的。

如：'2008−08−08'，'08/26/2008'。

日期和时间根据国家不同，书写方式也不同。大多数数据库系统都提供了时间和日期的转换函数，以使其系统中时间和日期的格式得以统一。通常时间和日期的使用都必须结合转换函数一起使用，以保证进行操作时时间和日期的格式是相同的。

6.2.4　符号常量

除了用户提供的常量外，SQL 语言还包含了许多特殊的符号常量，这些常量代表不同的常用数据值。例如 CURRENT_DATE 表示当前的日期，类似的如 CURRENT_TIME、USER、SYSTEM_USER、SESSION_USER 等，这些都是在当前数据库系统中使用得比较多的，也很有用的符号常量。

这些符号常量也可以通过 SQL Server 的内嵌函数使用。

▶ 任务三　声明和使用变量

数据在内存中存储可以变化的量叫作变量。为了在内存中存储信息，用户必须指定存储信息的单元，并为该存储单元命名，以方便获取信息，这就是变量的功能。T-SQL 可以使用两种变量：局部变量和全局变量。二者的主要区别在于作用范围不一样。

6.3.1　局部变量

局部变量是用户可自定义的变量，在批处理或者脚本中，局部变量可以作为计数器计算循环执行的次数或者控制循环执行的次数，也可以保存数据值。局部变量的作用范围仅在程序内部，从声明它的地方开始，到声明它的批处理或者存储过程的结束，即局部变量只能在声明它的批处理、存储过程或者触发器中使用，一旦这些批处理或者存储过程结束，局部变量将自行清除。如果批处理中引用了其他批处理中声明的局部变量，会出现"必须声明变量"的错误提示信息。

（1）声明局部变量

要使用一个局部变量必须先声明，使用 DECLARE 语句来声明局部变量，指定变量的名称和数据类型，对于数值变量，还需要指定其精度和小数位数。DECLARE 语句的语法格式如下：

DECLARE @ 局部变量名称　数据类型 [, …n]

局部变量的名称是用户自定义的，命名的局部变量名必须符合 SQL Server 2000 标识符命名规则，局部变量名称必须以 @ 开头。局部变量的数据类型可以是系统数据类型，也可以是用户自定义的数据类型，但局部变量不能为 text、ntext 或者 image 类型。在一个 DECLARE 语句中可以声明多个局部变量，只需用逗号","分隔开。

实例 6-3　声明局部变量。

DECLARE @studentName varchar(10)　　　 —— 声明局部变量 @studentName,
类型为 varchar 型, 长度为 10

DECLARE @aa int, @bb int, @cc char(10)　 —— 使用 DECLARE 语句声明多个
变量

(2) 为局部变量赋值

使用 DECLARE 语句声明局部变量之后, 该变量的值初始化为 NULL, 可以使用两种方法为局部变量赋值。一种方法是使用 SELECT 语句, 另一种方法是使用 SET 语句。

1) 使用 SELECT 语句为局部变量赋值

使用 SELECT 语句为局部变量赋值的语法格式如下:

SELECT @varible_name = expression

[FROM table_name [, ···n]

WHERE clause]

使用 SELECT 语句为局部变量赋值是通过在 SELECT 语句的选择列表中引用一个局部变量而使它获得一个值, 在使用 SELECT 语句为局部变量赋值时, 不一定非要使用 FROM 关键字和 WHERE 子句。

实例 6-4　使用 Select 语句为局部变量赋值。

USE StuInfoManagement　　　　　　　 —— 打开学生信息管理数据库
GO

SELECT @studentName=Name FROM StuInfo　 —— 使用 SELECT 语句为局部
变量赋值

SELECT @studentName　　　　　　　 —— 显示局部变量 @student
Name 的值

GO

> **注意**
>
> 如果 SELECT 语句返回了多个值, 则该局部变量会取得 SELECT 语句所返回的最后一个值。

> **技巧**
>
> 使用 SELECT 语句时, 如果省略赋值号 "=" 和后面的表达式, 则可以将局部变量的值显示出来。

2）使用 SET 语句为局部变量赋值

使用 SET 语句为局部变量赋值的语法格式如下：

SET @varible_name = expression

实例 6-5 使用 Set 语句为局部变量赋值。

```
DECLARE @express char(40)                  —— 声明局部变量
SET @express='BeiJing is the capital of China'
PRINT @express                             —— 使用 PRINT 输出局部变量的值
DECLARE @a char(10), @b int, @c int
SET @a='China'
SET @b=3                                   —— 使用 SET 语句为局部变量赋值
SET @c=2008
SELECT @a, @b, @c                          —— 使用 SELECT 输出局部变量的值
```

6.3.2 全局变量

全局变量是 SQL Server 定义的变量，不允许用户参与定义，用户也不能用 SET 语句来修改全局变量，通常可以将全局变量的值赋给局部变量，以便保存和处理。全局变量的作用范围并不局限于某一程序，而是任何程序均可随时调用。全局变量的名称以 @@ 开头，通常用于存储一些 SQL Server 的配置设定值和效能统计数据。

SQL server 提供了多个全局变量，这里只对一些常用变量的功能和使用方法进行介绍。

（1）@@ERROR

每条 T-SQL 语句执行后，将会对 @@ERROR 赋值为最后执行的 SQL 语句的错误代码。如果 @@ERROR 返回的值为 0，则表示该语句执行成功。由于 @@ERROR 在每一条语句执行后被清除并且重置，应在语句验证后立即检查它，或者将其保存到一个局部变量中以备事后查看。

（2）@@CONNECTIONS

该变量记录自 SQL Server 2000 最近一次启动以来所有针对这台服务器登录或试图登录的次数。

（3）@@ROWCOUNT

在每一个 SQL 语句执行之后，服务器都要将这个变量的值设置为该语句所影响到的总的记录条数，可以用它来确认选择操作的成功与否。

除此之外，还有其他的全局变量或特殊函数，可以查阅 SQL Server 2000 的联

机丛书。

实例 6-6 使用全局变量。

PRINT 'SQL Server 的版本信息：'
PRINT @@VERSION   —— 显示 SQL Server 的版本
PRINT ''   —— 输出空字符串，即换行操作
PRINT 'SQL Server 的服务器：'+@@SERVICENAME
PRINT ''
PRINT 'SQL Server 的服务器名称：'+@@SERVERNAME
PRINT ''
PRINT '发生错误的代码：'+CAST(@@ERROR AS char)
PRINT ''
PRINT '登录或试图登录的次数：'+ CAST(@@CONNECTIONS AS char)
GO

在查询分析器中运行上述代码，结果如图 6-2 所示。

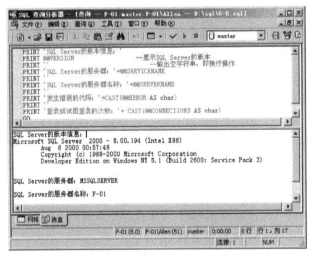

图 6-2 使用全局变量

▶ 任务四 使用和定义函数

    SQL Server 2000 提供了数百个内置函数，使用这些函数可以方便快捷地执行某些操作。同时，SQL Server 2000 也允许用户自定义函数。无论是内置函数还是用户自定义函数，都能使用在 SELECT、WHERE、ORDER BY 等语句中，用以得到查

询的结果，设定查询条件或者改变数据格式。在允许使用变量、字段或表达式的地方一般都能够使用函数。

6.4.1　使用系统函数

在 SQL Server 2000 中提供了很多内置函数，可分为行集函数、聚合函数和标量函数，其中聚合函数和标量函数最为常用。聚合函数也称为统计函数，在项目四中有介绍，在此不再赘述。内置函数按操作对象和功能的不同也可分为字符串函数、数学函数、日期和时间函数、数据类型转换函数等。

（1）字符串函数

字符串函数对二进制数据、字符串和表达式执行不同的运算。此类函数大部分作用于 char、varchar、nchar、nvarchar 及可以隐式转换为 char 或 varchar 等的数据类型。通常字符串函数可以用在 SQL 语句的表达式中。SQL Server 2000 提供的部分字符串函数见表 6-1 所示。

表 6-1　字符串函数及其功能

字符串函数	功　　能
+	连接两个或多个字符串，二进制串，列名
LEN()	返回字符串中的字符个数
ASCⅡ()	返回表达式中最左边一个字符的 ASCⅡ值
CHAR()	返回整数所代表的 ASCⅡ值对应的字符
LOWER()	将大写字符转换为小写字符
UPPER()	将小写字符转换为大写字符
LTRIM()	删除字符串开始部分的空格
RTRIM()	删除字符串尾部的空格
RIGHT()	自右向左返回字符串中指定个数字符组成的字符串
SPACE()	返回一个由指定个数的空格组成的字符串
STR()	将一个数值型数据转换为字符串
SUBSTRING()	从字符串的指定字符处返回指定长度字符串
REVERSE()	返回字符串的逆序
CHARINDEX()	返回指定字符串在表达式中的起始位置
DIFFERENCE()	比较两个字符串，返回它们的相似性，返回值为 1~4
PATINDEX()	返回 expression 中首次出现 pattern 的起始位置
REPLICATE()	返回一个由字符串重复指定次数组成的字符串

实例 6-7　使用字符串函数。

PRINT 'abc'+'def'

PRINT ASCII('i love china')

PRINT CHAR(58)

PRINT LOWER('I LOVE CHINA')

PRINT UPPER('i love china')

PRINT LTRIM('　　　　　BeiJing')

PRINT RIGHT('One World, One Dream!',13)

PRINT SUBSTRING('One World, One Dream!',5,10)

PRINT REVERSE('adcdef ')

PRINT CHARINDEX('o', 'One World, One Dream!')

PRINT REPLICATE('i love china ',2)

GO

在查询分析器中运行上述代码，结果如图 6-3 所示。

图 6-3　字符串函数的使用

（2）数学函数

数学函数能够对数字表达式进行数学运算，并将结果返回给用户。数学函数可以对 int、real、float、money 和 smallmoney 的列进行操作。部分数学函数会自动将其参数的数值表达式转换成 float 数据类型。数学函数的返回值为 6 位小数，如果使用出错，则返回 NULL 值并显示提示信息，通常数学函数可以用在 SQL 语句的表达式中。常用的数学函数见表 6-2 所示。

表 6-2　数学函数及其功能

数学函数	功　　能
ASIN、ACOS、ATAN、ATN2	返回反正弦、反余弦、反正切的值
SIN、COS、TAN、COT	返回正弦、余弦、正切的值
DEGREES、RADIANS	弧度转换为度、度转换为弧度
POWER()	返回指定数值的幂
SQRT()	返回指定数值的平方根
LOG()	返回指定数值的自然对数
LOG10()	返回指定数值以 10 为底的对数
ABS()	返回指定数值的绝对值
CEILING()	返回大于等于指定数值的最小整数
FLOOR()	返回小于等于指定数值的最大整数
RAND()	返回 0 到 1 之间的随机浮点数，可以使用整数表达式指定其初值
ROUND()	将指定数值小数点后的值四舍五入，保留指定的小数位数
SIGN()	指定的值为正数、0 或负数时分别返回 1、0、−1

实例 6-8　使用数学函数。

```
PRINT POWER(3,4)
PRINT SQRT(4)
PRINT LOG(10)
PRINT LOG10(10)
PRINT ABS(−53)
PRINT FLOOR(54.176)
PRINT RAND(10)
PRINT PI()
PRINT ROUND(54.176,2)
GO
```

161

在查询分析器中运行上述代码，结果如图6-4所示。

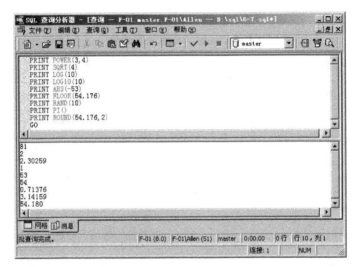

图6-4　数学函数的使用

（3）日期和时间函数

日期和时间函数主要用来显示有关日期和时间的信息，主要用来对 datetime 和 smalldatetime 数据类型的数据进行各种不同的处理和运算，对日期和时间的输入值执行操作并返回一个字符串、数字值或者日期和时间值。常用的日期和时间函数见表6-3所示。

表6-3　日期和时间函数及其功能

日期和时间函数	功　　能
GETDATE()	返回系统当前日期和时间
DATEADD()	返回日期或时间相加得到的日期和时间的值
DATEDIFF()	返回两个时间的时间间隔
DATENAME()	返回日期中指定部分对应的字符串
DATEPART()	返回日期中指定部分对应的整数值
YEAR()	返回日期中的年份
MONTH()	返回日期中的月份
DAY()	返回日期中的天
GETUTCDATE()	返回当前格林尼治标准时间的值

实例 6-9　使用日期和时间函数。

```
PRINT '系统当前日期和时间：'
SELECT GETDATE()
PRINT '日期 2008-10-1 加上 50 天后的日期为：'
SELECT DATEADD(dd,50,'2008-10-1')
PRINT '日期 2008-12-3 与 2008-1-6 之间相差天数为：'
SELECT DATEDIFF(d,'2008-12-3','2008-1-6')
PRINT '日期 2008-10-1 中月份为：'+DATENAME(m,'2008-10-1')
PRINT '日期 2008-10-28 中天为：'
SELECT DATENAME(d,'2008-10-28')
PRINT '日期 2008-10-1 的年份为：'
SELECT YEAR('2008-10-1')
GO
```

（4）数据类型转换函数

在 SQL Server 中，有一些数据之间会自动地进行转换，称为隐式转换，而有一些数据之间必须显式地进行转换。当遇到数据类型转换的问题时，可以使用 SQL Server 所提供的 CAST 和 CONVERT 函数。这两种函数不但可以将指定的数据类型转换为另一种数据类型，而且可用来获得各种特殊的数据格式。这两种函数都可用于选择列表、WHERE 子句和允许使用表达式的任何地方。

1）使用 CAST 函数

CAST 函数用于将某种数据类型的表达式显式转换为另一种数据类型。其语法格式为：

CAST（表达式 AS 数据类型 [（长度）]）

在 CAST 函数使用中，可以转换任何有效的 SQL Server 表达式为系统所提供的数据类型，但是不能将表达式转换为用户自定义的数据类型。如果进行不可能的转换，如将含有字母、数字、下划线的 char 表达式转换为 int 类型，SQL Server 将给出错误提示信息；如果转换时没有指定数据类型的长度，SQL Server 自动提供长度为 30。

实例 6-10　使用 CAST 函数进行数据类型转换。

```
PRINT '当前的日期为：'
SELECT 日期 = CAST(YEAR(GETDATE()) AS char(4))+' 年 '
        +CAST(MONTH(GETDATE()) AS char(2))+' 月 '
        +CAST(DAY(GETDATE()) AS char(2))+' 号 '
GO
```

在查询分析器中执行上述代码，结果如图 6-5 所示。

图 6-5 CAST 函数的使用

2）CONVERT 函数

CONVERT 函数与 CAST 函数的功能相似，它可以按照指定的格式将数据转换为另一种数据类型。CONVERT 函数的语法格式如下：

CONVERT（数据类型 [（长度）]，表达式，数据格式）

在 CONVERT 函数使用中，可以转换任何有效的 SQL Server 表达式为系统提供的数据类型，可以使用数据格式参数来设定转换后数据的格式。

6.4.2 用户自定义函数

在 SQL Server 中不仅可以使用系统函数完成一定的操作，还可以根据需要进行自定义函数的创建和使用。用户可以通过企业管理器或者 CREATE FUNCTION 语句创建用户自定义函数，可以使用 ALTER FUNCTION 语句修改用户自定义函数，使用 DROP FUNCTION 语句来删除用户自定义函数。

（1）创建用户自定义函数

自定义函数不能执行一系列改变数据库状态的操作，但可以像系统函数在查询或存储过程等的程序中使用。根据函数返回值形式的不同，将用户自定义函数分为标量函数、内嵌表值函数和多语句函数三种类型。这里只介绍标量函数的建立。

标量型函数返回一个确定类型的标量值，其返回值类型为除了 text、ntext、image、cursor、timestampt 和 table 类型外的其他数据类型。函数体语句定义在 begin…end 语句内，其中包含了可以返回值的 T-SQL 命令。使用 CREATE FUNCTION 语句创建标量函数的语法格式为：

CREATE FUNCTION [所有者名称 .] 函数名

([{@ 参数名称 [AS] 标量数据类型 [= 默认值]}[,...N]])

RETURNS 标量数据类型

[AS]

BEGIN

函数体

RETURN 标量表达式

END

　　其中函数名必须符合标识符的命名规则，对其所有者来说，该名称在数据库中必须唯一；参数名称必须符合标识符命名规则，而且必须使用 @ 符号作为第一个字符，对于每个参数，必须指定一种数据类型，还可以设定默认值；RETURNS 子句指定用户自定义函数返回值的数据类型；RETURN 子句指定函数返回的值。

实例 6-11　创建根据出生日期求年龄的用户自定义函数。

CREATE FUNCTION dbo.age(@birth datetime,@current datetime)

RETURNS int

AS

BEGIN

　　RETURN DATEDIFF(yy,@birth,@current)

END

GO

SELECT 年龄 = dbo.age('1989-9-9',GETDATE())

GO

　　用户自定义函数 age 中有两个参数，第一个 @birth 用以接收出生日期，第二个 @current 用以接收当前系统时间，在查询分析器中执行上述语句，结果如图 6-6 所示。

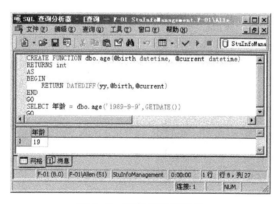

图 6-6　用户自定义函数

创建用户自定义函数的另一种方法是使用企业管理器。其步骤如下：

1）打开企业管理器，依次展开服务器组、服务器、数据库节点，选择要创建用户自定义函数的数据库。

2）单击该数据库下面【用户定义的函数】节点，从【操作】菜单中选择【新建用户定义的函数】命令，或者右击数据库选择【新建】命令的【用户定义的函数】，都出现【用户定义函数属性】对话框，并在"文本"框中给出了 CREATE FUNCTION 语句的框架，如图6-7所示。

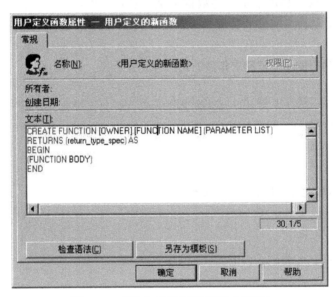

图6-7 "用户定义函数属性"对话框

3）在"文本"框中定义函数的所有者、函数名称、参数列表、返回类型及函数体等各个部分。

4）使用【检查语法】按钮可以检查创建用户自定义函数的脚本语法，单击【确定】按钮将创建的函数保存到数据库中。

可以通过单击数据库下的【用户定义的函数】节点查看当前数据库中保存的用户自定义函数。

(2) 修改用户自定义函数

修改用户自定函数可以使用 ALTER FUNCTION 语句来进行，也可以使用企业管理器。在此只介绍使用企业管理器进行用户自定义函数的修改操作。步骤如下：

1）打开企业管理器，依次展开服务器组、服务器、数据库节点，选择包含用户自定义函数的数据库。

2）单击数据库下的【用户定义的函数】节点，在详细信息窗格中右击要修改的用户自定义函数，选择【属性】命令。

3）在出现的【用户定义函数属性】对话框中，修改"文本"框中相应的语句内容，编辑完成，单击【确定】按钮，将修改保存到数据库中，如图 6-8 所示。

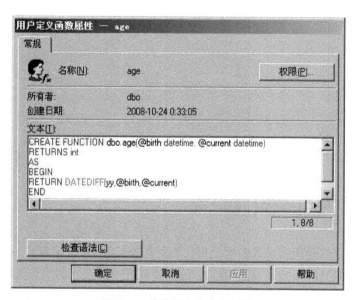

图 6-8　修改用户自定义函数

（3）删除用户自定义函数

删除用户自定义函数可以在企业管理器中进行，也可以使用 DROP FUNCTION 语句完成。使用企业管理器修改用户自定义函数步骤如下：

1）打开企业管理器，依次展开服务器组、服务器、数据库节点，选择包含用户自定义函数的数据库。

2）单击数据库下的【用户定义的函数】节点，在详细信息窗格中右击要删除的用户自定义函数，选择【删除】命令。

3）在出现的【除去对象】对话框中，可以使用【显示相关性】按钮查看要删除的用户自定义函数与其他对象的相关性，单击【全部除去】按钮将用户自定义函数从数据库中删除，如图 6-9 所示。

图 6-9　删除用户自定义函数

任务五　使用流程控制语句

流程控制语句是指用来控制程序执行和流程分支的命令，在 SQL Server 2000 中，流程控制语句主要用来控制 SQL 语句、语句块或者存储过程的执行流程。使用流程控制语句可以提高编程语言的处理能力，可以提高程序的结构性和逻辑性，并可以完成较复杂的操作。

6.5.1　IF…ELSE 语句

在 SQL Server 中为了控制程序的执行方向，就必须进行所谓的流程控制。IF…ELSE 语句为 SQL Server 中的选择判断结构。

IF…ELSE 语句的语法格式为：

IF ＜条件表达式＞

{命令行 1| 程序块 1}

[ELSE

{命令行 2| 程序块 2}]

其中条件表达式可以是各种表达式的组合，但其值必须为布尔型。命令行或者程序块可以是合法的 T-SQL 任意语句。执行顺序为对 IF 后面的条件表达式进行判断，如果值为真，则执行 IF 语句后面的命令行 1 或者程序块 1；如果条件表达式的值为假，且包含有 ELSE 语句，则执行 ELSE 语句后的命令行 2 或者程序块 2；如果不包含 ELSE 语句，则直接执行 IF 结构的下一条语句。

实例 6-12 IF… ELSE 语句的用法。

USE StuInfoManagement

GO

IF (SELECT Score FROM Score WHERE StuNo = '1010')>=90

　　PRINT ' 成绩达到优秀标准 '

ELSE

　　PRINT ' 成绩未达到优秀标准 '

GO

该实例测试 StuNo 为 1010 的记录 Score 字段的值是否大于等于 90，如果符合条件，输出成绩达到优秀标准，否则输出成绩未达到优秀标准，其运行结果如图 6-10 所示。

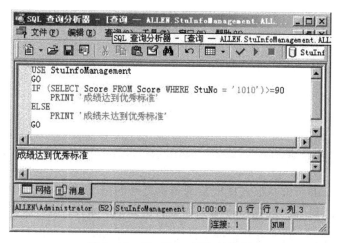

图 6-10　IF…ELSE 语句的使用

6.5.2 BEGIN…END 语句

BEGIN…END 语句用于将多个 T-SQL 语句组合成一个逻辑块，这个程序块在程序执行过程中作为一个整体执行。当流程控制语句必须执行一个包含两条或者两条以上的 T-SQL 语句的语句块时，使用 BEGIN…END 语句。

BEGIN…END 语句的语法格式为：

BEGIN

{ 命令行 | 程序块 }

END

BEGIN 和 END 语句必须成对使用，不能单独使用。在 BEGIN 和 END 之间

169

可以是单个的 T-SQL 语句，也可以是由 BEGIN 和 END 语句定义的程序块，即 BEGIN…END 语句允许嵌套。

实例 6-13　使用 BEGIN…END 语句块。

```
USE StuInfoManagement
GO
IF EXITS((SELECT Score FROM Score)>=90)
    BEGIN
        SELECT StuNo, Course, Score FROM Score WHERE Score>=90
        PRINT '以上成绩均达到优秀标准'
    END
ELSE
    BEGIN
        SELECT StuNo, Course, Score FROM Score
        PRINT '成绩均未达到优秀标准'
    END
GO
```

6.5.3　CASE 表达式

使用 CASE 语句可以很方便地实现多重选择的情况，比 IF…ELSE 结构有更多的选择和判断的机会，从而可以使用 CASE 表达式简化 SQL 表达式，它可以用在任何允许使用表达式的地方并根据条件的不同返回不同的值。但 CASE 表达式不能单独执行，只能作为一个可以单独执行语句的一部分来使用。CASE 表达式有简单 CASE 表达式和搜索 CASE 表达式两种类型。

（1）简单 CASE 表达式

简单 CASE 表达式将测试表达式与一组简单表达式进行比较以确定结果，如果某个简单表达式与测试表达式的值相等，则返回相应结果表达式的值。简单表达式的语法格式如下：

CASE 测试表达式

WHEN 测试值 1 THEN 结果表达式 1

WHEN 测试值 2 THEN 结果表达式 2

WHEN 测试值 3 THEN 结果表达式 3

…

[ELSE 结果表达式 n]

END

测试表达式可以是任意有效的 SQL Server 表达式，测试表达式和每一个测试值的数据类型必须相同或者能够隐式转换，CASE 表达式必须以 CASE 开头，以 END 结束。在执行时，测试表达式的值按指定顺序与每一个 WHEN 子句中的测试值进行比较，直到发现第一个与测试表达式完全相同的测试值，返回对应的结果表达式，如果有多个测试值与测试表达式的值相同，则只返回第一个相同的测试值所对应的结果表达式，如果没有一个测试值与测试表达式的值相同，SQL Server 将检查是否存在 ELSE 子句，如果存在 ELSE 子句，将 ELSE 子句中的结果表达式返回，如果不存在 ELSE 子句，则返回一个 NULL 值。

实例 6-14　使用简单 CASE 表达式。

```
USE StuInfoManagement
GO
SELECT 学号 = StuNo, 姓名 = StuName, 性别 =
    CASE Sex
        WHEN '男' THEN '男生'
        WHEN '女' THEN '女生'
    END
FROM StuInfo
GO
```

运行结果如图 6-11 所示。

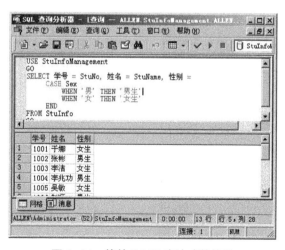

图 6-11　简单 CASE 表达式的使用

（2）搜索 CASE 表达式

在搜索 CASE 表达式中，CASE 关键词后不跟任何表达式，而在各个 WHEN 关键词后均为布尔表达式。搜索 CASE 表达式的语法格式如下：

CASE

WHEN 布尔表达式 1 THEN 条件表达式 1

WHEN 布尔表达式 2 THEN 条件表达式 2

WHEN 布尔表达式 3 THEN 条件表达式 3

…

[ELSE 结果表达式 n]

END

执行搜索 CASE 表达式时，测试每个 WHEN 子句后的布尔表达式，如果值为真，则返回相应的结果表达式，否则检查是否存在 ELSE 子句，如果存在 ELSE 子句，将 ELSE 子句中的结果表达式返回，如果不存在 ELSE 子句，则返回一个 NULL 值。

实例 6-15　使用搜索 CASE 表达式。

```
USE StuInfoManagement
GO
SELECT 学号 = StuNo, 课程 = Course, 成绩评价 =
   CASE
      WHEN(Score>=90) THEN '优秀'
      WHEN(Score>=80) THEN '良好'
      WHEN(Score>=70) THEN '一般'
      WHEN(Score>=60) THEN '及格'
      ELSE '不及格'
   END
FROM Score
GO
```

运行结果如图 6-12 所示。

图 6-12 搜索 CASE 表达式的使用

6.5.4 WHILE 语句

WHILE 语句是 T-SQL 语言中的循环结构,在条件为真的情况下,可以循环地执行一个 SQL 语句或者程序块,否则退出循环,继续执行 WHILE 结构下的语句。

WHILE 语句的语法格式为:

WHILE 条件表达式

BEGIN

{命令行 1| 程序块 1}

[BREAK]

{命令行 2| 程序块 2}

[CONTINUE]

END

条件表达式可以是任何合法的 T-SQL 表达式,但其值必须为布尔型,语句执行时,如果条件表达式的值为真,循环将重复执行,否则,循环停止执行。循环体中各语句可以是单个的 T-SQL 语句,也可以是 BEGIN 和 END 定义的程序块,循环也允许嵌套。

WHILE 语句还可以使用 CONTINUE 和 BREAK 命令来控制 WHILE 循环中语句的执行。CONTINUE 命令使程序跳出本次循环,跳回 WHILE 行,重新执行循环,而忽略 CONTINUE 关键字之后的语句;BREAK 命令用在单层的 WHILE 循环中,其作用是提前退出循环,将控制权转移给循环之后的语句。

实例 6-16   使用 WHILE 语句。

```
-- 求 1~100 能够被 3 整除的整数的和。
DECLARE @i INT, @sum INT
SET @i = 0
SET @sum = 0
WHILE @i<=100
  BEGIN
    SET @i = @i+1
    IF @i%3 = 0
      BEGIN
      SET @sum = @sum+@i
      CONTINUE
    END
  END
PRINT '1~100 能够被 3 整除的整数的和为: '+ CONVERT(char(10),@sum)
```

6.5.5 WAITFOR 语句

WAITFOR 指定触发器、存储过程或事务执行的时间、时间间隔或事件；还可以用来暂时停止程序的执行，直到所设定的等待时间已过才继续往下执行。

WAITFOR 语句的语法格式如下：

WAITFOR {DELAY <' 时间 '>|TIME <' 时间 '>}

其中"时间"必须为 DATETIME 类型的数据，但不能包括日期，DELAY 关键字用来设定等待的时间，最大可达 24 小时；TIME 用来设定等待结束的时间点。

上机实战

```
1. 使用变量和函数
DECLARE @a int, @b varchar(11), @c int, @d datetime
SET @a = LEN('My name is Alex')
SET @b = SPACE(10)
SET @c = CEILING(-50.47)
SET @d = GETDATE()
```

PRINT 'My name is Alex 的长度为：'+CAST(@a AS char(2))

PRINT 'SPACE 函数产生的空格字符串为：--'+@b+'--'

PRINT ' 大于等于 −50.47 的最小整数为：'+CONVERT(char(10), @c)

PRINT ' 当前系统日期和时间为：'

PRINT @d

GO

2. 流程控制语句的使用

-- 求出 1~1000 之间能够被 9 整除的整数个数。

DECLARE @i int, @num int

SET @i = 1

SET @num = 0

WHILE 1 = 1

BEGIN

IF @i%7 = 0

BEGIN

SET @num = @num + 1

SET @i = @i + 1

CONTINUE

END

IF @i>=1000

BREAK

ELSE

SET @i = @i + 1

END

PRINT '1~1000 能够被 9 整除的整数个数为：'+CONVERT(varchar, @num)

▶▶ 疑难解答

1. 批处理中的错误对批处理的执行有什么样的影响？

答：如果批处理中的某条语句出现语法错误或者编译出错，则整个批处理就不能被成功的编译和执行；如果批处理中的语句出现运行错误，仅影响该条语句的执行，并不影响批处理中的其他语句。

2. 简单 CASE 表达式中测试表达式和测试值有哪些要求？

答：测试表达式可以是任意有效的 SQL Server 表达式，测试表达式和每一个测试值的数据类型必须相同或者能够隐式转换。

3. CASE 表达式中有多个满足条件时如何处理?

答:不管简单 CASE 表达式还是搜索 CASE 表达式,执行时按指定顺序测试每一个 WHEN 子句,直到发现第一个满足条件的,返回对应的结果表达式,如果有多个满足多个条件,则只返回第一个所对应的结果表达式。

4. WHILE 语句的条件为 1=1 是什么原因?

答:WHILE 语句的条件表达式 1=1 即条件恒为真,循环语句将永久执行。在条件为 1=1 的 WHILE 语句中,使用 CONTINUE 和 BREAK 命令来控制 WHILE 循环中语句的执行。

▶▶ 习题

1. 填空题

(1) 批处理指包含一条或多条 T-SQL 语句的语句组,以_____语句结束。

(2) 脚本是存储在文件中的一系列 SQL 语句,脚本文件的扩展名为_____。

(3) 注释语句是程序中的不可执行语句,不参与程序的编译,SQL Server 支持两种形式的注释语句:行注释和_____。

(4) SQL 规定字符数据常量要包含在_____内,日期、时间和时间间隔的常量值被指定为_____常量。

(5) 要使用一个局部变量必须先_____,使用_____语句来声明局部变量,局部变量的名称是用户自定义的必须以_____开头。声明局部变量之后,该变量的值初始化为_____,可以使用两种方法为局部变量赋值。一种方法是使用_____语句,另一种方法是使用_____语句。

(6) 全局变量是不允许用户参与定义,用户也不能修改,全局变量的名称以_____开头。

(7) 在 SQL Server 中,可以使用_____函数和_____函数来进行数据类型的转换。

(8) 用户可以通过企业管理器或者_____语句创建用户自定义函数,可以使用_____语句修改用户自定义函数,使用_____语句来删除用户自定义函数。

(9) IF…ELSE 语句中条件表达式可以是各种表达式的组合,但其值必须为_____。

(10) CASE 表达式有_____和_____两种类型。

(11) WHILE 语句还可以使用_____和_____命令来控制循环中语句的执行。

2. 选择题

(1) 把所选的多个行一次都设为行注释的快捷键是（　　）。

　　A. Shift+Ctrl+V　　　　　　B. Shift+Ctrl+C

　　C. Shift+Ctrl+R　　　　　　D. Shift+Ctrl+Z

(2) 关于 CASE 表达式，说法错误的是（　　）。

　　A. 可以简化 SQL 表达式　　B. 很方便地实现多重选择

　　C. 能够独立执行　　　　　　D. 有两种类型

(3) 使程序跳出本次循环，跳回 WHILE 行，重新执行循环的语句是（　　）。

　　A. BREAK　　　　　　　　B. CASE

　　C. WAITFOR　　　　　　　D. CONTINUE

(4) IF…ELSE 语句中条件表达式的值为（　　）。

　　A. 整型　　　　　　　　　B. 字符串

　　C. 布尔型　　　　　　　　D. 以上所有

(5) 全局变量 @ERROR 的返回值为（　　）表示该语句执行成功。

　　A. −1　　　　　　　　　　B. 0

　　C. 1　　　　　　　　　　　D. 其他值

3. 思考题

(1) 建立批处理时，有哪些需要注意的方面？

(2) 局部变量和全局变量的区别有哪些？

(3) CREATE FUNCTION 语句格式中，各语句的作用是什么？

(4) IF…ELSE 语句的执行过程是怎样的？

(5) 简单 CASE 表达式和搜索 CASE 表达式的异同点是什么？

4. 上机题

(1) 编写程序，求出斐波纳契数列（1，1，2，3，5，8，…）在 1～10000 的个数和最大值。

(2) 编写程序，求出 1～10000 能够被 4 或者 7 整除的整数个数。

项目七

维护 SQL Server 数据库

随着信息时代和互联网技术的发展，信息数据量急剧增长，在数据库的使用中，数据库中数据的价值已远远超过了数据库本身的价值，一旦发生数据丢失或者损坏，将造成非常严重的损失，如何避免各种因素造成的数据破坏，提高数据的安全性和数据恢复能力是数据库使用中一个无法回避的问题，所以对数据库的维护已成为数据库使用中的一个重要环节。备份是恢复数据最容易和最有效的保证方法，在数据库遭到破坏的时候，将数据库的备份加载到服务器完成数据的恢复。本项目主要介绍数据库备份和恢复的方式，备份和恢复数据库的方法。

项目要点：

- 数据库备份类型及具体应用
- 备份设备的创建与管理
- 备份数据库的方法
- 数据库的恢复模型及具体应用
- 恢复数据库的方法
- SQL Server 与其他数据库或数据源的数据转换

▶▶ 任务一 备份数据库

数据库备份是指对数据库或者事务日志复制，当系统、磁盘或者数据库文件损坏时，可以使用备份文件进行恢复，防止数据丢失，提高数据的安全性。

7.1.1 数据库备份类型

数据库备份可分为四种类型：

（1）全库备份

创建数据库中所有内容的副本。由于是复制数据库中的所有内容，所以该备份占用的存储空间最多，需用时间最长，适用于备份容量较少或数据库中数据的修改较少的数据库。一般一周做一次全库备份。

（2）差异备份

只备份在上次数据库备份后发生更改的数据。该备份类型备份的数据量小，而且备份速度快，所以可经常进行该类型备份，减小数据丢失的危险，适用于修改频繁的数据库。一般每天做一次差异备份。

（3）事务日志备份

备份自上次事务日志备份以来对数据库执行的所有事务的一系列记录，即事务日志文件的信息，可以使用该类型备份将数据库恢复到特定的即时点或者恢复到故障点。为了使数据库具有鲁棒性，推荐每小时甚至更频繁地备份事务日志。

（4）文件或文件组备份

备份数据库文件或者数据库的文件组。使用该类型备份，恢复时可以只恢复特定的数据库文件或者数据文件组，从而加快恢复速度。

不同的备份类型适用的场合和范围也不一样。全库备份，可以一次完成数据的全部备份，但是执行时间和占用空间最多。差异备份和事务日志备份，必须要依赖全库备份文件才能使用，不能独立作为备份集。文件或文件组备份，必须与事务日志备份结合才有意义。每一种备份类型都有不足之处，要根据实际需要来选择备份类型，在实际应用中，数据库的备份通常是集中备份类型的组合使用，如全库备份与差异备份、全库备份与事务日志备份、文件或文件组备份和事务日志备份等。

7.1.2　备份设备

备份设备是创建备份和恢复数据库的前提条件，即备份文件的存储设备。备份设备分为磁盘设备、磁带设备、物理设备和逻辑设备四种类型。其中，在备份数据库时前三种备份设备只需选择相应的设备即可，而逻辑设备是物理设备的别名或者公用名称，逻辑设备名称永久地存储在 SQL Server 内的系统表中。

（1）创建备份设备

磁盘设备、磁带设备和物理设备在备份时选择相应的设备即可，这里主要介绍创建逻辑设备的方法。

使用企业管理器创建备份设备步骤如下：

1）打开企业管理器，展开服务器组，展开服务器，在服务器下双击【管理】文件夹，右击【备份】图标，在弹出菜单中选择【新建备份设备】命令，或者单击【备份】图标，在【操作】菜单中选择【新建备份设备】命令，如图 7-1 所示。弹出【备份设备属性】对话框，如图 7-2 所示。

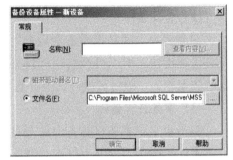

图7-1   "新建备份设备"命令   图7-2   "备份设备属性"对话框

2）在【备份设备属性】对话框中，输入备份设备的名称，输入或设置备份设备所使用的本地计算机上的物理文件位置。

3）单击【确定】按钮，完成备份设备的创建。

使用系统存储过程 sp_addumpdevice 创建备份设备的语法格式如下：

[EXECUTE] sp_addumpdevice ' 设备类型 ',' 逻辑名称 ',' 物理名称 '

其中，第一个参数指定备份设备的类型，包括磁盘文件、命名管道和磁带设备3种类型，分别用 disk、pipe 和 tape 表示。第二个参数指定备份设备的逻辑名称，逻辑名称没有默认值，不能为 NULL。第三个参数指定逻辑名称对应的物理备份设备的名称，如果是一个磁盘设备，则物理名称是备份设备在本地或者网络上的物理名称，如 "D:\BACKUP\db.bak"。

实例7-1   使用 sp_addumpdevice 创建本地磁盘备份设备。

EXECUTE sp_addumpdevice 'disk', 'bakdevice', 'c:\Databak\data.bak'

其中创建的备份设备类型为 disk，即磁盘，bakdevice 为备份设备的逻辑名称，c:\Databak\data.bak 为备份设备的物理名称。

系统存储过程 sp_addumpdevice 将备份设备添加到 master.dbo.sysdevices 表中，可以通过该表查看备份设备的存储情况。使用该存储过程还可以创建远程磁盘备份设备和磁带备份设备。

实例7-2   使用 sp_addumpdevice 创建备份设备。

—— 使用 sp_addumpdevice 创建远程磁盘备份设备

EXEC sp_addumpdevice 'disk', 'netbakdevice', '\\servername\sharename\filepath\filename.ext'

GO

-- 使用 sp_addumpdevice 创建磁带备份设备

EXEC sp_addumpdevice 'tape', 'tapedevice', '\\ .\tape0'

GO

（2）删除备份设备

当备份设备不需要时，可以将备份设备删除，可以使用企业管理器和系统存储过程 sp_dropdevice 两种方法删除备份设备。

使用企业管理器删除备份设备步骤如下：

1）打开企业管理器，展开服务器组，展开服务器，双击服务器下的【管理】文件夹，单击【备份】图标，在详细信息窗格中会显示所有的备份设备。

2）右击删除的备份设备，在弹出的菜单中选择【删除】命令，或者单击选中要删除的备份设备，使用【操作】菜单中的【删除】命令。在弹出的确认对话框中单击【是】按钮完成备份设备的删除，如图 7-3 所示。

图 7-3　使用企业管理器删除备份设备

使用存储过程 sp_dropdevice 删除备份设备的语法格式如下：

[EXECUTE] sp_dropdevice ' 备份设备逻辑名称 '

其中数据库设备或者备份设备的逻辑名称在 master.dbo.sysdevice 表中列出。

实例 7-3　使用 sp_dropdevice 删除备份设备。

EXECUTE sp_dropdevice 'bakdevice', 'c:\Databak\data.bak'

GO

> **注意**
>
> 　　使用 sp_dropdevice 删除备份设备时，备份设备的逻辑名称和物理名称都要给出，如果不给出备份设备的物理名称，执行删除操作后，备份设备对应的物理文件仍旧存在。

7.1.3　使用企业管理器备份数据库

（1）打开企业管理器，展开服务器组，展开服务器。

（2）在服务器下面，双击【数据库】文件夹，右击要备份的数据库，在弹出的菜单中选择【所有任务】的子命令【备份数据库】，或者单击要备份的数据库，选择【操作】菜单里的【所有任务】的子命令【备份数据库】，如图 7-4 所示。

（3）在弹出的【SQL Server 备份】对话框中，在"名称"框中输入备份的名称，可以在"描述"框中添加对备份的说明性文字，如图 7-5 所示。其中"事务日志"与"文件和文件组"两个选项不可用，可以右击对应数据库，选择【属性】命令，然后将【选项】选项卡中"故障恢复模型"更改为"完全"，上述两个选项就变为可用。

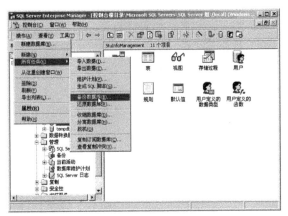

图 7-4　"备份数据库"命令　　　　　　图 7-5　"SQL Server 备份"对话框

（4）在备份区域中，选择备份的方法，如果选择"文件和文件组"选项，可以单击浏览按钮，以选择相应的文件或者文件组。

（5）在目的区域中，指定备份的目的地。单击【添加】按钮，弹出【选择备份目的】对话框，在对话框中指定一个备份文件或者备份设备，如图 7-6 所示。

（6）在重写区域中，选择备份方式。如果要把本次备份追加到原有备份数据的后面，则选择"追加到媒体"选项；如果要将此次备份的数据覆盖原有备份数据，则选择"覆盖现有媒体"选项。

（7）在调度区域中，可以指定备份日程。如果希望按照一定的周期对数据库进行备份，可以选择"调度"选项，然后单击按钮，在弹出【编辑调度】对话框中可以安排备份数据库的执行时间，如图 7-7 所示。

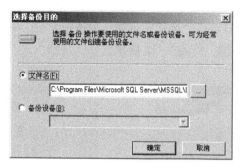

图 7-6　"选择备份目的"对话框

图 7-7　"编辑调度"对话框

（8）返回到【SQL Server 备份】对话框，单击【确定】按钮，开始执行备份操作，此时出现相应的提示信息。当出现"备份操作已顺利完成"的提示信息时，单击【确定】按钮，完成数据库备份操作。

7.1.4　使用备份向导备份数据库

（1）打开企业管理器，展开服务器组，展开服务器。

（2）在服务器下双击【数据库】文件夹，然后单击要备份的数据库，在【工具】菜单中选择【向导】命令，弹出【选择向导】对话框，如图 7-8 所示。

（3）在【选择向导】对话框中，单击"管理"节点，选择"备份向导"选项，单击"确定"按钮出现【创建数据库备份向导】对话框，单击【下一步】按钮到选择要备份的数据库步骤，如图 7-9 所示。

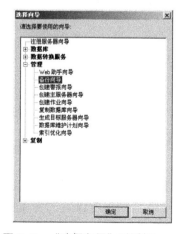

图 7-8　"选择向导"对话框

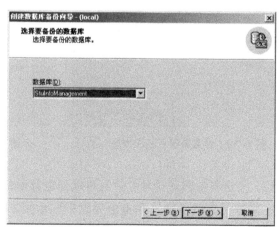

图 7-9　选择要备份的数据库

（4）在数据库下拉列表中选择要备份的数据库，单击【下一步】按钮，到键入备份的名称和描述，在"名称"框中输入备份的名称，可以在"描述"框中输入对备份的说明，然后单击【下一步】按钮，到选择备份类型步骤，如图 7-10 所示。

（5）在数据库备份、差异数据库、事务日志 3 个选项中选择一种备份方法，单击【下一步】按钮，到选择备份目的和操作步骤，如图 7-11 所示。

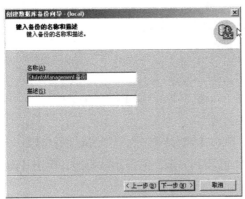
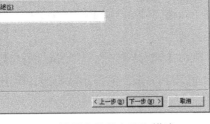

图 7-10　设置备份的名称和描述

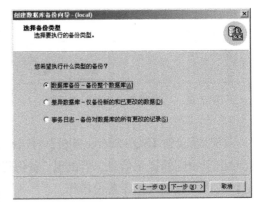

图 7-11　选择备份类型

（6）选择备份设备并设置备份属性，如图 7-12 所示，单击【下一步】按钮，到备份验证和调度步骤，如图 7-13 所示。

图 7-12　设置备份目的和操作

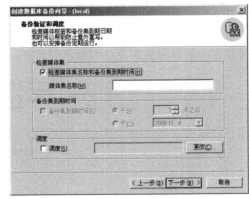

图 7-13　设置备份验证和调度

（7）设定备份验证选项，并且可以确定数据备份的计划，然后单击【下一步】按钮，到备份完成步骤，在备份完成中显示刚才向导各步骤中所设置的各属性，单击【完成】按钮，出现备份成功对话框，单击【确定】按钮完成数据库的备份操作，如图 7-14 所示。

图 7-14 完成创建数据库备份向导

7.1.5 使用 BACKUP 语句备份数据库

在查询分析器中，可以通过执行有关的系统存储过程和语句来完成数据库的备份操作。要备份数据库，通常需要创建备份设备，然后使用 BACKUP 语句完成备份。

创建备份设备的操作在 7.1.2 中有详细的介绍，当备份设备创建完成后，就可以使用 BACKUP 语句对数据库进行全库备份、差异备份、事务日志备份、文件或文件组备份。

（1）全库备份

使用 BACKUP 进行全库备份的语法格式为：

BACKUP DATABASE 数据库名称 TO 备份设备名称

[WITH [NAME=' 备份名称 '][，INIT|NOINIT]]

其中备份设备名称采用"备份设备类型 = 设备名称"的形式；INIT 表示新备份的数据将覆盖当前备份设备上的内容，即原来此备份设备上的数据信息都不存在了；NOINIT 表示新的备份数据添加到备份设备已有内容的后面。

（2）差异备份

使用 BACKUP 进行差异备份的语法格式为：

BACKUP DATABASE 数据库名称 TO 备份设备名称

WITH DIFFERENTIAL [NAME=' 备份名称 '][，INIT|NOINIT]

其中，WITH DIFFERENTIAL 子句的作用是备份时只对在最后一次数据库备份后数据库中发生变化部分进行备份。

（3）事务日志备份

使用 BACKUP 进行事务日志备份的语法格式为：

BACKUP LOG 数据库名称 TO 备份设备名称

[WITH [NAME=' 备份名称 '][，INIT|NOINIT]]

（4）文件或文件组备份

使用 BACKUP 进行文件或文件组备份的语法格式为：

BACKUP DATABASE 数据库名称

FILE=' 文件的逻辑名称 '|FILEGROUP=' 文件组的逻辑名称 ' TO 备份设备名称

[WITH [NAME=' 备份名称 '][，INIT|NOINIT]]

实例 7-4　使用 BACKUP 语句备份数据库。

```
-- 对 StuInfoManagement 进行全库备份
BACKUP DATABASE StuInfoManagement TO DISK = 'bakdevice'
WITH INIT, NAME = 'StuBackup1'
GO
-- 对 StuInfoManagement 进行差异备份
BACKUP DATABASE StuInfoManagement TO DISK = 'bakdevice'
WITH DIFFERENTIAL, NOINIT, NAME = 'StuBackup2'
GO
-- 对 StuInfoManagement 进行日志备份
BACKUP LOG StuInfoManagement TO DISK = 'bakdevice'
WITH NOINIT, NAME = 'StuBackup1'
-- 将 StuInfoManagement 数据库的文件备份到磁盘设备
BACKUP DATABASE StuInfoManagement FILE = 'StuInfoManagement_Data' TO
DISK = 'fileback'
```

任务二　还原数据库

还原数据库是在备份数据库基础上的操作，只有在数据库备份后，才能通过备份文件对数据库进行还原操作。在计算机受到各种因素的影响导致数据丢失、不完整或数据错误时，通过对数据库的恢复，将数据恢复到备份的数据库中的某个时间，以便减少损失。

7.2.1　数据库恢复模型

在 SQL Server 2000 中，有完全恢复、大容量日志恢复和简单恢复三种恢复模型。

（1）完全恢复

通过使用数据库备份和事务日志备份将数据库恢复到发生失败的时刻。完全恢复模型几乎没有数据丢失，适用于因存储介质损坏引起数据丢失的情况。

（2）大容量日志恢复

适用于因媒体故障引起数据丢失的情况，对某些大规模或者大容量复制操作有最好的恢复性能且占用最少的日志使用空间。

（3）简单恢复

数据库恢复时仅数据库备份或差异备份，而不涉及事务日志备份。选择简单恢复模型时使用的备份策略是进行全库备份，然后进行差异备份。

三种恢复模型有各自的适用场合，相互之间存在区别。简单恢复可将数据库恢复到上一次备份的状态，但由于不使用事务日志备份进行恢复，所以无法将数据库恢复到失败点状态；完全恢复允许将数据库恢复到故障点状态，但是使用这种恢复模型，所有的数据操作都要写入事务日志文件；大容量日志恢复在性能上要比简单恢复和完全恢复好，能尽最大努力减少操作所需的存储空间。

7.2.2　使用企业管理器恢复数据库

当因为多种因素造成数据库中的数据丢失或者损坏时，或者数据库需要在其他数据库服务器上复制时，就可以使用备份文件对数据库进行恢复操作。在进行数据库恢复之前，需要进行几个方面的了解和操作：

（1）断开所有用户与数据库的连接，限制数据库的访问权限。

（2）进行事务日志备份，对上一次备份后发生的更改进行备份，以便恢复到最近的状态点。

（3）对备份的时间和备份类型进行了解，针对不同的备份类型采用不同的恢复方法。

使用企业管理器还原数据库的步骤如下：

（1）打开企业管理器，展开服务器组，展开服务器。在服务器下，右击【数据库】文件夹，在弹出菜单中选择【所有任务】的子命令【还原数据库】，或者单击【数据库文件夹】，在【操作】菜单中，选择【所有任务】的子命令【还原数据库】，如图 7-15 所示。

（2）弹出【还原数据库】对话框，在【常规】选项卡中，"还原为数据库"下拉列表中选择要还原的目标数据库，该数据库可以是不同于备份数据库的另外的数据库，即可以将一个数据库的备份恢复到另一个数据库中，可以从下拉列表中选择已存在的数据库，也可以输入一个新的数据库名称，SQL Server 2000 将自动按照新输入的名字新建一个数据库，并且将备份数据恢复到新建的数据库中。如图 7–16 所示。

图 7–15　"还原数据库"命令

图 7–16　设置还原数据库

（3）选择"数据库"、"文件组或文件"、"从设备"之一的还原方式。数据库的还原方式可以很方便地还原数据库，但这种方式要求要还原的备份必须在 msdb 系统数据库中保存了备份历史记录。如果备份文件是在其他服务器上创建的，在 msdb 数据库中没有记录，只能使用从"设备"还原方式。

（4）从"还原"列表中可以选择还原的数据库备份。

（5）可以单击【选项】选项卡，设置还原操作时采用的不同形式及恢复完成状态。

（6）设置完成后，单击【确定】按钮开始还原数据库操作。

7.2.3　使用 RESTORE 语句恢复数据库

RESTORE 语句可以完成对数据库的恢复，其语法和 BACKUP 语法相似，可以对不同类型的备份文件进行还原。

（1）恢复数据库

恢复数据库时，RESTORE 语句的语法格式为：

RESTORE DATABASE 数据库名称 FROM 备份设备名称

[WITH [FILE=n][, RECOVERY|NORECOVERY][, REPLACE]]

其中，FILE=n 指定从备份设备上的第几个备份文件中恢复数据库，如同一个备份设备上有多个对数据库的备份，如果选择第 3 个备份文件来恢复数据库，则 FILE=3。RECOVERY 指定在数据库恢复完成后，SQL Server 回滚数据库中所有未曾提交的事务，以保持数据库的一致性，RECOVERY 选项用于最后一个备份的恢复。如果使用 NORECOVERY 选项，SQL Server 不回滚未曾提交的事务，所以当不是使用最后一个备份做恢复时应使用 NORECOVERY 选项。REPLACE 选项指定 SQL Server 创建一个新的数据库，并将备份恢复到这个新建数据库，如果服务器上已经存在一个同名的数据库，则原来的数据库被替换掉。

从全库备份或者差异备份中恢复数据都使用上述语法格式。

（2）恢复事务日志

恢复事务日志，RESTORE 语句的语法格式为：

RESTORE LOG 数据库名称 FROM 备份设备名称

[WITH [FILE=n][，RECOVERY|NORECOVERY]]

语法格式中的各选项与恢复整个数据库中各选项的意义相同。

（3）恢复文件或文件组

恢复文件或文件组的 RESTORE 语句的语法格式为：

RESTORE DATABASE 数据库名称 FILE= 文件名称 |FILEGROUP= 文件组名称

FROM 备份设备名称

[WITH PARTIAL [，FILE=n][，RECOVERY|NORECOVERY][，REPLACE]]

其中 WITH PARTIAL 表示此次恢复只恢复数据库的一部分。其他选项的含义与前面相同。

实例 7-5　使用 RESTORE 语句还原数据库。

```
-- 还原 StuInfoManagement 整个数据库
RESTORE DATABASE StuInfoManagement FROM bakdevice WITH RECOVERY,
REPLACE
GO
-- 还原事务日志
RESTORE LOG StuInfoManagement FROM bakdevice
GO
```

▶▶ 任务三　数据的导入导出

在数据库开发中，由于各种数据库的大小和用途不同，往往会根据开发需要选择不同的数据库系统，这为实际需要和开发提供了方便，但是为数据转换带来了一定的困难。SQL Server 2000 提供了数据转换工具，即数据转换服务 DTS（Data

Transformation Server）。

DTS 提供了数据表之间的相互转换，包括不同格式、不同数据源之间的转换服务等。DTS 在 SQL Server 中以向导和运行 DTS 包两种形式使用。

向导方式以简单的操作就可以完成不同数据库之间的数据转换，如导入导出数据表的操作，本任务主要介绍使用向导方式完成数据的导入、导出操作。

使用向导方式完成数据的导入、导出操作的基本步骤是一致的，步骤如下：

（1）设置数据源

在导入数据时，需要选择要导入数据到 SQL Server 2000 中的外部数据源，如 Access 数据库、Excel 表格等；在导出数据时，数据源就是本地的 SQL Server。

（2）设置数据目的

与设置数据源相反，当导入数据时，目的是本地的 SQL Server，而导出数据时，目的是数据转换后存放的位置和格式。

（3）设置转换方式

选择数据转换所用的方式，是将数据全部信息还是部分信息复制，也可以对要转换的数据进行合并或者运算后再保存到目的中。

（4）保存、调度和复制包

对于完成的导入或者导出操作能够生成 DTS 包，SQL Server 可以调度此包，定期地完成数据的导入或导出操作。

7.3.1　导入 Access 数据库中的数据表

Access 数据库是使用比较广泛的小型数据库，使用向导可以将 Access 数据表导入到 SQL Server 数据库中。

导入 Access 数据库中数据表的步骤如下：

（1）打开企业管理器，展开服务器组，展开服务器。

（2）在服务器下，右击【数据库】文件夹，弹出菜单中选择【所有任务】命令的【导入数据】子命令，或者单击【数据库】文件夹，在【操作】菜单中选择【所有任务】命令的【导入数据】子命令，弹出【DTS 导入 / 导出向导】对话框，如图 7-17 所示。

（3）单击【下一步】按钮，设置数据源，选择 "Microsoft Access" 作为数据源，并设置选择导入数据源的文件的目录位置，如果需要，还需要输入 "用户名" 和 "密码"，如图 7-18 所示。

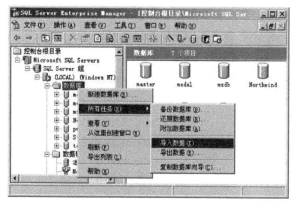

图 7-17 "导入数据"命令

图 7-18 选择数据源

（4）单击【下一步】按钮，设置目标数据库，如图 7-19 所示。在"目的"框中选择 SQL Server 驱动程序，并选择"使用 SQL Server 身份验证"选项，设置相应的"用户名"和"密码"，在"数据库"下拉列表中选择数据表要导入的数据库名称。

注意

如果不选择导入的目的数据库，系统将数据表导入到 master 系统数据库中。

（5）单击【下一步】按钮，进入"指定表复制或查询"界面，如图 7-20 所示。其中有 3 个可选项：从源数据库复制表和视图选项表明对于数据表中表和视图进行完全的复制，没有限定条件；用一条查询指定要传的数据是指通过 SQL 语句来限定数据表中的记录，使用过滤后的记录形成新的数据表；在 SQL Server 数据库之间复制对象和数据只能是在 SQL Server 数据库之间进行导入或者导出操作时执行的选择。

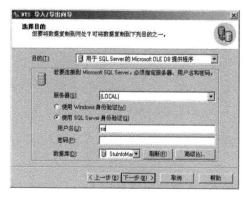

图 7-19 选择目的

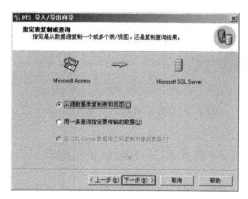

图 7-20 指定表复制或查询

（6）单击【下一步】按钮，进入"选择源表和视图"界面，如图 7-21 所示。选择要复制的表或者视图，或者单击"全选"按钮选择全部的表和视图。

（7）单击【下一步】按钮，进入"保存、调度和复制包"界面，如图 7-22 所示。通过对 DTS 包的保存和调度，可以实现系统以一定的周期进行数据的导入或者导出操作。

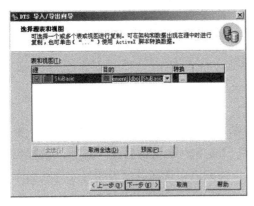
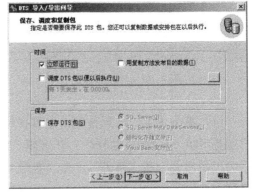

图 7-21　选择源表和视图　　　　图 7-22　设置保存、调度和复制包

（8）单击【下一步】按钮，进入"正在完成 DTS 导入 / 导出向导"界面，如图 7-23 所示。在"摘要"框中显示了各个步骤中设置的参数，单击【完成】按钮完成导入 Access 数据库中数据表的操作，如图 7-24 所示。

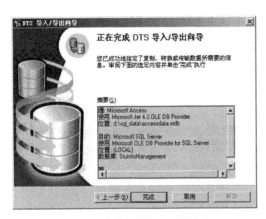
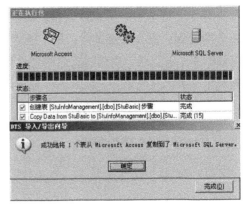

图 7-23　完成数据导入导出向导　　　　图 7-24　数据导入导出完成

7.3.2　导入 SQL Server 数据表

导入 SQL Server 数据表的方法和导入 Access 数据库中数据表的方法相似，只是在数据源的选择上不同。

导入 SQL Server 数据表的步骤如下:

(1) 打开企业管理器,展开服务器组,展开服务器。

(2) 在服务器下,右击【数据库】文件夹,弹出菜单中选择【所有任务】命令的【导入数据】子命令,或者单击【数据库】文件夹,在【操作】菜单中选择【所有任务】命令的【导入数据】子命令,弹出【DTS 导入 / 导出向导】对话框。

(3) 单击【下一步】按钮,设置数据源,选择"用于 SQL Server 的 Microsoft OLE DB 提供程序"作为数据源,选择"使用 SQL Server 身份验证"选项,输入相应的用户名和密码,在"数据库"下拉列表中选择要导入的数据库名称,如图 7-25 所示。

(4) 单击【下一步】按钮,设置目标数据库,如图 7-26 所示。在"目的"框中选择 SQL Server 驱动程序,并选择"使用 SQL Server 身份验证"选项,设置相应的"用户名"和"密码",在"数据库"下拉列表中选择数据表要导入的数据库名称。

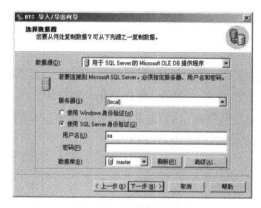

图 7-25 选择数据源

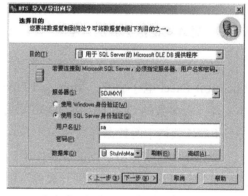

图 7-26 选择目的

(5) 单击【下一步】按钮,进入"指定表复制或查询"界面,保持默认设置"在 SQL Server 数据库之间复制对象和数据",如图 7-27 所示。

(6) 单击【下一步】按钮,进入"选择源表和视图"界面,如图 7-28 所示。选择要复制的表或者视图,或者单击"全选"按钮选择全部的表和视图。

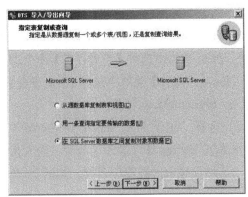

图 7-27　指定表复制或查询

图 7-28　选择源表和视图

（7）单击【下一步】按钮，进入"保存、调度和复制包"界面，进行相应设置。

（8）单击【下一步】按钮，进入"正在完成 DTS 导入 / 导出向导"界面，单击【完成】按钮完成导入 SQL Server 数据表的操作。

7.3.3　导入其他数据源的数据表

SQL Server 2000 中提供了多种形式的数据源，除了前面提到的两种外，还有如 Microsoft Excel 电子表格、Microsoft Foxpro 数据库、dBase 或 Paradox 数据库、文本文件、大多数的 OLE DB 和 ODBC 数据源及用户指定的 OLE DB 数据源等。本部分以 Excel 表格中的数据导入到 SQL Server 数据库为例进行介绍。

导入 Excel 表格中数据的步骤如下：

（1）打开企业管理器，展开服务器组，展开服务器。

（2）在服务器下，右击【数据库】文件夹，弹出菜单中选择【所有任务】命令的【导入数据】子命令，或者单击【数据库】文件夹，在【操作】菜单中选择【所有任务】命令的【导入数据】子命令，弹出【DTS 导入 / 导出向导】对话框。

（3）单击【下一步】按钮，设置数据源，选择"Microsoft Excel 97-2000"作为数据源，并设置源文件的位置，如图 7-29 所示。

（4）单击【下一步】按钮，设置目的数据源，如图 7-30 所示。在"目的"框中选择"用于 SQL Server 的 Microsoft OLE DB 提供程序"，并选择相应的服务器和身份验证，在"数据库"下拉列表中选择数据表要导入的数据库名称。

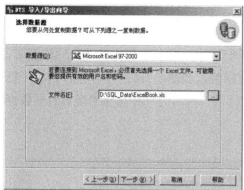
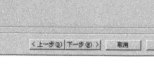

图 7-29 选择数据源

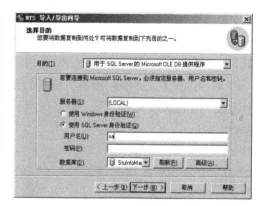

图 7-30 选择目的

（5）单击【下一步】按钮，进入"指定表复制或查询"界面，保持默认设置。

（6）单击【下一步】按钮，进入"选择源表和视图"界面，如图 7-31 所示。选择相应的表格，或者单击"全选"按钮选择全部的表格。

（7）单击【下一步】按钮，进入"保存、调度和复制包"界面，进行相应设置。

（8）单击【下一步】按钮，进入"正在完成 DTS 导入 / 导出向导"界面，如图 7-32 所示。单击【完成】按钮完成转换。

图 7-31 选择源表和视图

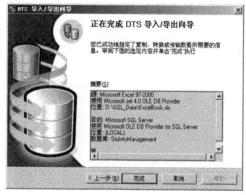

图 7-32 完成数据导入导出向导

7.3.4 导出 SQL Server 数据表

导出数据表的方法和导入数据表的方法相类似。

导出 SQL Server 数据表的步骤如下：

（1）打开企业管理器，展开服务器组，展开服务器。

（2）在服务器下，右击【数据库】文件夹，弹出菜单中选择【所有任务】命令的【导出数据】子命令，或者单击【数据库】文件夹，在【操作】菜单中选择【所有任务】

命令的【导出数据】子命令，弹出【DTS 导入/导出向导】对话框。

（3）单击【下一步】按钮，设置数据源，选择"用于 SQL Server 的 Microsoft OLE DB 提供程序"作为数据源，设置相应的验证信息，选择数据库，如图 7-33 所示。

（4）单击【下一步】按钮，设置目的数据源，如图 7-34 所示。在"目的"框中选择"Microsoft Access"，可以通过"文件名"框后的选择按钮来设置目标数据库的位置。

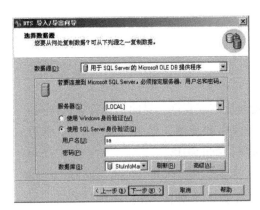

图 7-33　选择数据源　　　　　　　　图 7-34　选择目的

（5）单击【下一步】按钮，进入"指定表复制或查询"界面，保持默认设置。

（6）单击【下一步】按钮，进入"选择源表和视图"界面，如图 7-35 所示。选择相应的表格，或者单击"全选"按钮选择全部的表格。

（7）单击【下一步】按钮，在出现的"完成 DTS 导入/导出向导"对话框中，如图 7-36 所示。按照向导给出提示单击【完成】按钮，即可完成数据表的导出操作。

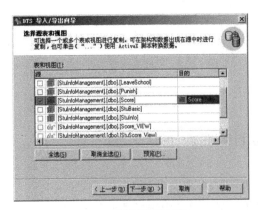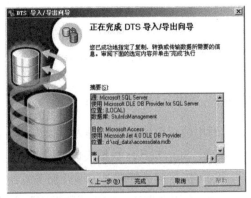

图 7-35　选择源表和视图　　　　　　图 7-36　完成数据导入导出向导

7.3.5　使用 DTS 包导入 / 导出数据库

前面介绍的数据转换中数据的导入或者导出都是使用 DTS 导入 / 导出向导完成的，还可以通过创建和运行 DTS 包的形式实现数据的导入和导出。

使用 DTS 包导入 / 导出数据库的步骤如下：

（1）打开企业管理器，展开服务器组，展开服务器。双击服务器下的"数据转换服务"文件夹，在【本地包】图标上右击，弹出菜单中选择【新建包】命令，或者单击【本地包】图标，选择【操作】菜单中的【新建包】命令，如图 7-37 所示。启动 DTS 包设计器，创建了一个空的 DTS 包，如图 7-38 所示。

图 7-37　"新建包"命令

图 7-38　DTS 包设计器窗口

（2）在 DTS 包设计器窗口中，单击【连接】菜单，选择要转换的数据表所对应的数据源，如图 7-39 所示。也可以使用图形化菜单，选择相应的数据源。弹出【连接属性】对话框，设置数据源的数据库的位置、名称等数据源的连接属性，如图 7-40 所示。为了实现数据库的导入 / 导出操作，需要设置两个数据连接。

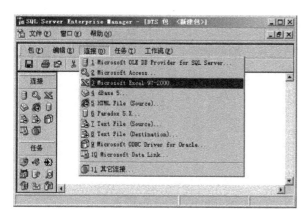

图 7-39　连接数据源

图 7-40　设置连接属性

（3）单击【任务】菜单，选择【转换数据任务】命令。

（4）选择"转换数据任务"命令后，将出现"连接数据源"图标，在要导出数据的数据源上单击即可设置为源数据库。设置完成，出现"选择目的连接"图标，在目的数据源上单击即可完成工作流方向的设置，如图 7-41 所示。

（5）在工作流方向箭头上右击，选择【属性】命令，弹出【转换数据任务属性】对话框，设置转换数据任务的各项属性，如图 7-42 所示。

图 7-41　建立工作流

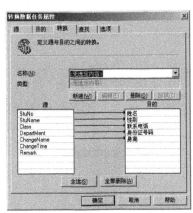

图 7-42　设置 DTS 包属性

在"源"选项卡上的"描述"框中可以写入相应的转换名称；在"目的"选项卡上单击"创建"按钮，弹出"创建目的表"对话框，其中 SQL 语句就是创建目的表的相关代码，单击"确定"按钮可创建目的数据表；在"转换"选项卡中可以选择数据表中要转换的列。

属性设置完成后，选择【包】菜单中的【执行】命令，就可以执行新建包的转换任务了。

使用 DTS 包可以灵活地实现各种数据源之间的转换，可以通过"转换数据任务属性"对话框中各属性的设置来控制数据表之间的转换，增加了数据转换的可控性，提高了数据转换的速度。

▶▶ 上机实战

1. 数据库的备份和还原

（1）在 SQL Server 中添加一个名为 newBack_device 的备份设备

创建备份设备可以使用企业管理器或者系统存储过程 sp_addumpdevice 来完成。

使用企业管理器创建备份设备的步骤可参考 7.1.2，使用 sp_addumpdevice 创建备份设备的代码如下：

EXECUTE sp_addumpdevice 'disk', 'newBack_device', 'c:\Databak\newdata.bak'

（2）使用备份设备 newBack_device 备份 Northwind 示例数据库

备份数据库可以使用企业管理器、备份向导和 BACKUP 语句来完成。使用企业管理器或备份向导备份数据库的步骤可参考 7.1.3 和 7.1.4，使用 BACKUP 语句备份数据库的代码如下：

BACKUP DATABASE Northwind TO newBack_device

（3）使用备份设备 newBack_device 中的数据还原 Northwind 示例数据库

还原数据库可以使用企业管理器或者 RESTORE 语句来完成。使用企业管理器还原数据库的步骤可参考 7.2.3，使用 RESTORE 语句还原数据库的代码如下：

RESTORE DATABASE Northwind FROM newBack_device

2. 数据的导入导出

（1）数据导入

自建 Access 数据库数据表、Excel 表，参考 7.3.1 和 7.3.3 导入到 StuInfoManagemet 数据库中。

（2）数据导出

参考 7.3.4 将 StuInfoManagement 数据库中数据导出到 Access 数据库中。

▷ 疑难解答

1. 数据库备份期间对数据库的性能有没有影响？

答：在进行数据库备份期间会影响数据库的性能，尤其是大型数据库在备份时执行时间较长，对数据库有较大的影响，所以备份数据库的时间应选择夜晚或者凌晨。

2. 在实际应用中，如何使用备份方式的组合来完成数据库的备份？

答：每一种备份类型都有不足之处，要针对需要选择备份类型，经常使用的备份方式组合有：

（1）全库备份和差异备份：以一周为周期，星期日进行全库备份，星期一到星期六每天进行差异备份。

（2）全库备份和日志备份：以一周为周期，星期日进行全库备份，星期一到星期六每天进行日志备份。

（3）文件组备份和日志备份：备份周期取决于数据库的大小和能力，每周期分别进行一部分数据文件备份，每天进行日志备份。

3. 数据库恢复时，能否访问数据库？

答：在恢复数据库时一定要断开所有使用该数据库的访问，查询分析器中连接的数据库也不能选择该数据，否则会产生错误。

4. 使用 DTS 包进行数据转换时，如何确定是导入还是导出操作？

答：在使用 DTS 包时，工作流的方向就决定了数据的导入和导出操作，如果原数据源选择 SQL Server 数据库，就是导出操作，反之目的数据源选择 SQL Server 数据库，就是导入操作。

▶▶ 习题

1. 填空题

（1）备份设备分为_____、_____、_____和_____四种类型。

（2）使用系统存储过程_____创建备份设备，使用系统存储过程_____删除备份设备。

（3）使用_____语句备份数据库，使用_____语句还原数据库。

2. 选择题

（1）创建数据库中所有内容的副本的备份方式为（   ）。

    A. 全库备份   B. 差异备份

    C. 增量备份   D. 事务日志备份

（2）备份设备中（   ）名称永久地存储在 SQL Server 内的系统表中

    A. 磁盘设备   B. 磁带设备

    C. 物理设备   D. 逻辑设备

（3）数据库恢复时仅数据库备份或差异备份，而不涉及事务日志备份的恢复模型为（   ）。

    A. 完全恢复   B. 大容量日志恢复

    C. 简单恢复   D. 增量恢复

（4）数据导入过程中，如果不选择导入的目的数据库，系统将数据表导入到（   ）系统数据库中。

    A. master   B. model

    C. tempdb   D. msdb

（5）要备份数据库，通常需要创建备份设备，然后使用（   ）语句完成备份。

    A. BACK   B. BACKUP

    C. RESTORE   D. BACKUP LOG

3. 思考题

（1）数据库备份的类型有哪些？分别适用于什么场合？

（2）数据库还原模型有哪些？

（3）数据的导入导出操作的基本步骤是什么？

4. 上机题

（1）创建备份设备，名称自定义，使用备份设备备份和还原示例数据库 pubs。

（2）创建一个名称为"学生管理信息系统用户"的 Excel 文件，字段自定义，进行数据的导入，将 Excel 文件中的数据转换为 SQL Server 数据库中数据，数据库名称自定义。

（3）使用 DTS 包将示例数据库 pubs 中的数据导出到 Access 数据库中。

项目八

数据库事务处理

事务是作为单个逻辑工作单元执行的一系列操作，这些操作要么全部执行，要么都不执行。SQL Server 2000 使用锁确保事务完整性和数据库一致性，锁可以防止用户读取正在由其他用户更改的数据，并可以防止多个用户同时更改相同数据。本项目主要介绍如何定义事务进行数据处理并详细说明了锁定机制中锁的粒度、不同类型的锁的特点。

项目要点：

- 事务定义及事务处理
- 锁的应用

▶▶ 任务一　事务处理

8.1.1　事务简介

事务是一个逻辑工作单元，其中包括了一系列的操作，这些操作要么全部执行，要么都不执行。典型的事务实例是银行的转账，账号 A 转 1000 元至账号 B，这笔转账其实可以分为两步：

(1) 账号 A 减去 1000 元。

(2) 账号 B 增加 1000 元。

当然，要求这两项操作要么同时成功（转账成功），要么同时失败（转账失败）。只有一项操作发生是一件不能接受的事情。如果确实只有一项操作成功了，那么应该撤销所做的操作，这称为回滚事务，就好像什么都没有发生一样。

事务具有四个属性，原子性、一致性、隔离性、持久性，简称为 ACID 属性。

- 原子性（Atomicity）：事务必须作为工作的最小单位，即原子单位。其所进行的操作要么全部执行，要么都不执行。
- 一致性（Consistency）：每个事务必须保证数据的一致性。事务完成后，所有数据必须保持其合法性,即所有数据必须遵守数据库的约束和规则。

● 隔离性(Isolation):一个事务所做的修改必须与其他事务所做的修改隔离。一个事务所使用的数据必须是另一个并发事务完成前或完成后的数据,而不能是另一个事务执行过程的中间结果。也就是说,两个事务是相互隔离的,其中间状态的数据是不可见的。

● 持久性(Durability):事务完成后对数据库的修改将永久保持。

在 SQL Server 2000 中,事务的模式可分为显式事务、隐式事务和自动事务。

显式事务:由用户自己使用 T-SQL 语言的事务语句定义的事务,具有明显的开始和结束标志。

隐式事务:SQL Server 为用户而做的事务。例如,在执行一条 Insert 语句时,SQL Server 将把它包装到事务中,如果执行此 Insert 语句失败,SQL Server 将回滚或取消这个事务。用户可以通过执行以下命令使 SQL Server 进入或者退出隐式事务状态:

SET IMPLICIT TRANSACTI ON:使系统进入隐式事务模式。

SET IMPLICIT TRANSACTI OFF:使系统退出隐式事务模式。

自动事务:SQL Server 的默认事务管理模式。在自动提交模式下,每个 T-SQL 语句在成功执行完成后,都被自动提交;如果遇到错误,则自动回滚该语句。当用户开始执行一个显式事务时,SQL Server 进入显式事务模式。当显式事务被提交或回滚后,SQL Server 又重新进入自动事务模式。对于隐式事务也是如此,每当隐式事务被关闭后,SQL Server 会返回自动事务模式。

8.1.2 事务处理

T-SQL 语言的事务语句包含以下几种:

(1)BEGIN TRANSACTION 语句

格式:BEGIN TRANSACTION [事务名]

功能:定义一个事务,标志一个显式事务的起始点。

(2)COMMIT TRANSACTION 语句

格式:COMMIT TRANSACTION [事务名]

功能:提交一个事务,标志一个成功的显式事务或隐式事务的结束。

说明:当在嵌套事务中使用 COMMIT TRANSACTION 语句时,内部事务的提交并不释放资源,也没有执行永久修改,只有在提交了外部事务时,数据修改才具有永久性,资源才能释放。

(3)ROLLBACK TRANSACTION 语句

格式:ROLLBACK TRANSACTION [事务名]

功能：回滚一个事务，将显式事务或隐式事务回滚到事务的起点或事务内的某个保存点。

说明：

1）执行了 COMMIT TRANSACTION 语句后不能再回到事务。

2）事务在执行过程中出现的任何错误，SQL Server 实例将回滚事务。

3）系统出现死锁时会自动回滚事务。

4）由于其他原因（客户端网络连接中断、应用程序中止等）引起客户端和 SQL Server 实例之间通信的中断，SQL Server 实例将回滚事务。

5）在触发器发出 ROLLBACK TRANSACTION 命令，将回滚对当前事务中所做的数据修改，包括对触发器所做的修改。

6）对于嵌套事务，ROLLBACK TRANSACTION 语句将所有内层事务回滚到最远的 BEGIN TRANSACTION 语句，"事务名"也只能是来自最远的 BEGIN TRANSACTION 语句的名称。

（4）SAVE TRANSACTION 语句

格式：SAVE TRANSACTION 保存点名

功能：建立一个保存点，使用户能将事务回滚到该保存点的状态，而不是简单回滚整个事务。

在编写事务处理程序中，使用到的全局变量有：

@@error：最近一次执行的语句引发的错误号，未出错时其值为零。

@@rowcount：受影响的行数。

在事务中不能包含的语句有：

CREATE DATABASE

ALTER DATABASE

DROP DATABASE

RESTORE DATABASE

BACKUP LOG

RESTORE LOG

RECONFIGURE

UPTATE STATISTICS

实例 8-1　定义一个事务，向数据表 Stuinfo 中插入 2 条记录，最后提交事务。在查询分析器中输入代码如下：

```
Use 学生管理信息系统
GO
```

—— 事务开始

BEGIN TRANSACTION

INSERT Stuinfo(StuNo,StuName,Sex,Age,NativePlace)

Values(1020,'张强','男',20,'沈阳')

INSERT Stuinfo(StuNo,StuName,Sex,Age,NativePlace)

Values (1021,'李雪','女',18,'沈阳')

—— 事务提交

COMMIT TRANSACTION

结果：在查询分析器中输入以下命令：

Select * from Stuinfo where NativePlace='沈阳'

可以看到以上2条记录确实已经成功添加。

实例 8-2　定义一个事务，向数据表 Stuinfo 中插入 2 条记录，最后回滚该事务。在查询分析器中输入代码如下：

Use 学生管理信息系统

GO

—— 事务开始

BEGIN TRANSACTION

INSERT Stuinfo (StuNo,StuName,Sex,Age,NativePlace)

Values(1030,'李钢','男',21,'长沙')

INSERT Stuinfo (StuNo,StuName,Sex,Age,NativePlace)

Values(1031,'赵静','女',19,'长沙')

—— 事务回滚

ROLLBACK TRANSACTION

结果：在查询分析器中输入以下命令：

Select * from Stuinfo where NativePlace='长沙'

可以看到以上2条记录没有成功添加。

实例 8-3　定义一个事务，向数据表 Stuinfo 中插入 1 条记录，设置一个保存点，然后再插入 2 条记录，最后回滚事务到保存点 s1。在查询分析器中输入代码如下：

Use 学生管理信息系统

GO

—— 事务开始

BEGIN TRANSACTION

INSERT Stuinfo(StuNo,StuName,Sex,Age,NativePlace)

Values(1030, ' 李钢 ', ' 男 ', 21, ' 长沙 ')

SAVE TRANSACTION s1

INSERT Stuinfo(StuNo,StuName,Sex,Age,NativePlace)

Values(1031, ' 赵静 ', ' 女 ', 19, ' 长沙 ')

INSERT Stuinfo(StuNo,StuName,Sex,Age,NativePlace)

Values (1032, ' 李雪 ', ' 女 ', 18, ' 长沙 ')

－－ 事务回滚

ROLLBACK TRANSACTION

结果：在查询分析器中输入以下命令：

Select * from Stuinfo where NativePlace= ' 长沙 '

可以看到以上第 1 条记录确实已经成功添加，但是其他 2 条没有添加成功。

为了维护事务的 ACID 属性，启动事务后系统将耗费很多资源。例如：当事务执行过程中涉及数据的修改时，SQL Server 就会自动启动独占锁，以防止任何其他事务读取该数据，而这种锁定一直持续到事务结束为止。这期间其他用户将不能访问这些数据。所以在多用户系统中，使用事务处理程序时必须有意识地提高事务的工作效率。以下给出一些经验性的建议。

①让事务尽可能的短。只有确认必须对数据进行修改时才启动事务，执行修改语句，修改结束后应该立即提交或回滚事务。

②在事务进行过程中应该尽可能避免一些耗费时间的交互式操作，缩短事务进程的时间。

③在使用数据操作语句时，最好在这些语句中使用条件判断语句，使得这些数据操作语句涉及尽可能少的记录，从而提高事务的处理效率。

④ SQL Server 虽然允许使用事务嵌套，但是在实际应用中建议少用或者不用事务嵌套。

⑤有意识地避免并发问题。在实际应用中应特别注意管理隐式事务，在使用隐式事务时，提交语句或者回滚语句之后的下一个 T-SQL 语句会自动启动一个新事务，这样将导致并发情况出现的可能性较高，建议在完成保护数据修改所需要的最后事务之后和再次需要一个事务来保护数据修改之间关闭隐式事务。

▶▶ 任务二 锁

8.2.1 锁的概念

锁作为一种安全机制，用于控制多个用户的并发操作，防止用户读取正在由其他用户更改的数据或者多个用户同时修改同一数据，确保事务的完整性和数据的一致性。在向数据库中写入数据时，可能会遇到许多异常问题。

下面是四个常见的并发读和写事务方面的问题：

- 丢失更新 (lost update) 问题：用户 A 从数据库读数据，记录一个值。用户 B 读同一个值，然后马上更新这个值。然后用户 A 更新该值，覆盖由用户 B 写的更新。如库存更新问题。

- 脏读（dirty read）问题：用户 A 从数据库读一个值，更改它并将它写回数据库。然后用户 B 读该值，更改它并将它写回数据库。然后用户 A 又因为某些原因决定不继续其余的动作，因此想要撤销所做的更改。问题是用户 B 已经读取并使用了已更改的值，导致一个脏读问题。

- 错误总结 (incorrect summary) 问题：一个用户更新值，而另一个用户读取并总结相同的值。总结的值可能在单个独立更新之前或之后读取，而导致不可预知的结果。例如库存报告问题。

- 不可重复读取 (unrepeatable read) 问题：一个值由一个用户读入，由另一个用户更新，后来又由第一个用户重新读取以进行验证。尽管没有更新该值，第一个用户还是遇到了两个不同的值，也就是说不可重复读取。

锁定机制的主要属性是锁的粒度和锁的类型。

SQL Server 提供了多种粒度的锁，允许一个事务锁定不同类型的资源。锁的粒度越小，系统允许的并发用户数目就越多，数据库的利用率就越高，管理锁定所需要的系统资源就越多。反之，则相反。为了减少锁的成本，应该根据事务所需要执行的任务，合理选择锁的粒度，将资源锁定在适合任务的级别范围内。

按照粒度增加的顺序，不同粒度的锁可以锁定的资源见表 8-1。

表 8-1　不同粒度的锁可以锁定的资源

资源	说明
行	行锁定，锁定表中的一行数据
键	键值锁定，锁定具有索引的行数据
页	页面锁定，锁定 8 KB 的数据页或索引页
区域	区域锁定，锁定八个连续的数据页面或索引页面
数据表	表锁定，锁定整个数据表，包括所有数据和索引在内
数据库	数据库锁定，锁定整个数据库

SQL Server 使用不同的锁模式锁定资源，这些锁模式确定了并发事务访问资源的方式。常用的锁模式有以下三种：

（1）共享锁：用于只读数据的操作。共享锁锁定的资源是只读的，任何用户和应用程序都不能修改其中的数据,只能读取数据。在默认情况下,当数据读操作完成时就释放锁,但是用户可以通过使用查询语句的锁定选项和事务隔离级别的选项设置来改变这一默认值。多个用户可以在同一对象上获得共享锁,但是任何用户都不能在已经存在共享锁的对象上获得更新锁或者独占锁。

(2) 更新锁:用于可更新的资源中,防止多个会话在读取、锁定及随后可能进行的资源更新时发生常见形式的死锁。

更新数据通常使用一个事务来完成。当事务需要对数据进行修改时,事务首先向 SQL Server 申请一个共享锁,先读取数据。数据读取完毕后,该事务会申请将共享锁升级为独占锁,申请成功后便开始修改数据。如果在事务申请将共享锁升级为独占锁时有其他事务正在使用共享锁访问同一数据资源,那么 SQL Server 会等待所有的共享锁都被释放后才允许使用独占锁。如果两个并发事务在获得共享锁后都需要修改数据,同时申请将共享锁升级为独占锁,这时就会出现两者都不释放共享锁而一直等待对方释放共享锁的现象,这种现象称为死锁。为了避免这种情况,SQL Server 提供了更新锁。SQL Server 允许修改数据的事务一开始就申请更新锁,但一次只能有一个事务可以获得资源的更新锁,如果事务修改资源,则直接将更新锁转换为独占锁。

(3) 独占锁:用于数据修改操作。使用独占锁,只有锁的拥有者能对锁定的资源进行读写操作,其他用户和应用程序都不能对锁定的资源进行读写。SQL Server 在对数据进行插入、修改、删除操作时自动启动独占锁。

不同类型的锁的兼容性不一样。所谓锁的兼容性指的是当用户 1 使用锁 A 对某一资源进行锁定后,其他用户是否能同时使用别的类型的锁 B 对同一资源进行锁定。若能,则认为锁 A 和锁 B 是兼容的,否则是不兼容。各种锁之间的兼容性见表 8-2。

表 8-2　各种锁之间的兼容性

	共享锁	更新锁	独占锁
共享锁	是	是	不
更新锁	是	不	不
独占锁	不	不	不

实例 8-4　使用企业管理器浏览系统中的锁。

(1) 展开服务器组,展开服务器。

(2) 展开 '管理 ',然后展开 '当前活动 '。

(3) 展开 '锁 / 进程 ID',可以查看每个连接的当前锁。

（4）展开'锁/对象'，可以查看每个对象的当前锁。

（5）单击要查看的锁，当前锁显示在详细信息栏目中。

在查询分析器中，使用系统存储过程 SP_LOCK 可以查看正在运行的某一个进程拥有的锁的信息。系统存储过程 SP_LOCK 的语法格式如下：

SP_LOCK [[@spid1=]'spid1'] [,[@spid1=]'spid1']

其中存储过程的参数指定的是进程的标志号，该标志号存储在 master.dbo. sysprocess 中。如果没有指定参数，存储过程将返回所有锁的信息。

实例 8-5　在查询分析器中，使用系统存储过程 SP_LOCK 查看当前持有锁的信息。

在查询分析器中运行下面命令：

```
USE MASTER
GO
EXEC SP_LOCK
```

8.2.2　死锁及处理

在事务锁的使用过程中，死锁是一个不可避免的现象。在下列两种情况下能发生死锁。

第一种情况是，当两个事务分别锁定了两个单独的对象，这时每一个事务都有要求在另外一个事务锁定的对象上获得一个锁，因此第一个事务都有必须等待另一个释放占有的锁，这时就发生了死锁，这种死锁是最典型的死锁形式。

死锁的第二种情况是，当在一个数据库中有若干个长时间运行的事务执行并行的操作，当查询分析器处理一种非常复杂的查询例如连接查询时，那么由于不能控制处理的顺序，有可能发生死锁现象。

当发生了死锁现象时，除非某个外部进程断开死锁，否则死锁中的两个事务都将无期等待下去。SQL Server 的 SQL Server Database Engine 自动检测 SQL Server 中的死锁循环。数据库引擎选择一个会话作为死锁牺牲，然后终止当前事务（出现错误）来打断死锁。如果监视器检测到循环依赖关系，通过自动取消其中一个事务来结束死锁。处理时间长的事务具有较高的优先级，处理时间较短的事务具有较低的优先级。在发生冲突时，保留优先级高的事务，取消优先级低的事务。

用户可以使用 SQL Server Profiler 确定死锁的原因。当 SQL Server 中某组资源的两个或多个线程或进程之间存在依赖关系时，将会发生死锁。使用 SQL Server Profiler 可以创建记录、重播和显示死锁事件的跟踪以进行分析。

若要跟踪死锁事件，请将 Deadlock graph 事件类添加到跟踪。可以通过下列任一方法进行提取：

在配置跟踪时，使用【事件提取设置】选项卡。请注意，只有在【事件选择】选项卡上选择了 Deadlock graph 事件，才会出现此选项卡。

也可以使用【文件】菜单中的【提取 SQL Server 事件】选项，或者通过鼠标右键单击特定事件并选择【提取事件数据】，来提取并保存各个事件。

▶▶ 上机实战

在数据库学生信息管理系统中，创建成绩表 t_score 的内容见表 8-3。

表 8-3　成绩表 t_score 的结构及内容

S_number(char(8))	C_number(char(4))	Score(Int)
20030101	001	60
20030102	001	65
20030103	001	55
20030101	002	80
20030102	002	85
20030103	002	90
20030101	003	70
20030104	003	80
20030201	005	68

编写函数统计指定班级的成绩并生成课程成绩统计表，该表包含有两列：C_number(char(4))，aver Decimal(6，2)。

说明：C_number(char(4)) 为课程编号，aver 为相应课程的平均成绩。

▶▶ 疑难解答

1. SQL server 2000 之间的分散式事务处理配置？

答：在存储过程中经常有跨服务器操作的事务处理经常会遇到分散式事务处理不能运行的状态，可按照如下方法进行配置：

（1）首先服务器之间要建立服务器连接。

（2）两个服务器的属性中有连接选项卡 ⇒ 远程连接 ⇒ 分散事务处理执行 ⇒ 打钩（两台服务器都要设置）。

（3）两台服务器的 C:\WINDOWS\system32\drivers\etc 中的 hosts 文件中添加机器名和 ip。

（4）控制面板 ⇒ 管理工具 ⇒ 组件服务 msdtc 的设置安全设定中选项打钩。

2. Oracle 与 SQL Server 事务处理的差异？

答：事务处理是所有大型数据库产品的一个关键问题，各数据库厂商都在这个方面花费了很大精力，不同的事务处理方式会导致数据库性能和功能上的巨大差异。

在 SQL Server 中有三种事务类型，分别是：隐式事务、显式事务、自动提交事务，缺省为自动提交。

在 Oracle 中没有 SQL Server 的这些事务类型，缺省情况下任何一个 DML 语句都会开始一个事务，直到用户发出 Commit 或 Rollback 操作，这个事务才会结束，这与 SQL Server 的隐式事务模式相似。

3. SQL server 2000 中怎么锁住某个数据页？

答：

USE Northwind

GO

SELECT * FROM dbo.Customers WITH (PAGLOCK) WHERE CustomerID>'C'

EXEC sp_lock -- 可查到哪些 Page 被锁

4. 在 SQL server 中，事务中加锁是怎么样处理的？是采用第二种方法顺序加锁，还是第一种？或者加锁的方法是可选的？怎么选呢？而且，加的锁的级别，SQL server 是怎么样分配的？

答：事务中也是分四种级别的，可以参考联机帮助。还要说明一下，事务加锁的方式并不是在事务运行前就加锁，都是在执行到某一条 SQL 时才加锁，但在锁的持有度上有区别（有的是立马释放，有的是直到事务结束才释放）。

▶▶ 习题

1. 填空题

（1）事务具有四个属性：＿＿＿＿＿＿、＿＿＿＿＿＿、＿＿＿＿＿＿、＿＿＿＿＿＿，简称为 ACID 属性。

（2）SQL Server 常用的锁模式有＿＿＿＿＿＿、＿＿＿＿＿＿、＿＿＿＿＿＿。

2. 选择题

(1) 在某学校的综合管理系统设计阶段，教师实体在学籍管理子系统中被称为"教师"，而在人事管理子系统中被称为"职工"，这类冲突被称之为（　　）。

  A. 语义冲突   B. 命名冲突

  C. 属性冲突   D. 结构冲突

(2)（　　）能保证不产生死锁。

  A. 两段锁协议   B. 一次封锁法

  C. 2 级封锁法协议   D. 3 级封锁协议

(3) 一个事务执行过程中，其正在访问的数据被其他事务所修改，导致处理结果不正确，这是由于违背了事务的（　　）而引起的。

  A. 原子性   B. 一致性

  C. 隔离性   D. 持久性

3. 思考题

表 8-4　库存表 T1

编号	数量
001	5
002	6
005	20
006	10
007	30

表 8-5　进货表 GG

编号	数量
001	10
006	20
008	8
009	9

已知 Text 数据库中有库存表 T1 和某日进货表 GG，编写一事务处理程序根据 GG 表的内容更新 T1 表。

4. 上机题

根据上机实战中的表，完成以下内容：

(1) 准备实验所需要的数据表和数据，根据实验内容，写出程序代码。

(2) 在查询分析器中，运行、调试程序代码并测试结果。

第二篇 综合应用

项目九

学生管理信息系统

随着学校规模的不断扩大，学生数量的不断增加，学生的信息量也成倍增长。学生管理工作是学校各项工作的一个重要部分，其管理水平的高低将直接影响到人才的培养质量。面对庞大的信息量，如何有效地提高学生管理工作的效率是每一个学校急需解决的问题。因此应该开发适合学校需要的学生管理信息系统，通过这样的系统，可以做到信息的规范管理、科学统计和快速查询，并减少管理方面的工作量。项目九将采用软件工程的思想对学生管理信息系统进行分析与设计，从而达到掌握数据库分析与设计的方法。

项目要点：
- 掌握学生管理信息系统需求分析的方法及 UML 模型的建立
- 掌握学生管理信息系统数据库的分析与设计方法
- 掌握学生管理信息系统界面设计

▶ 任务一　学生管理信息系统需求分析

9.1.1　概述

学生管理信息系统作为学校管理系统中的一个子系统，与其他子系统，如教学管理系统、人事管理系统、后勤管理系统、图书馆管理系统等一起构成校园管理信息系统，为校园管理信息化提供一个子功能。

学生管理信息系统应该包括对学生信息的管理、对学生学籍的管理、对学生成绩的管理、对学生奖惩记录信息的管理和系统管理等基本内容。

（1）学生信息的管理应当有表示学生相关的信息与数据，包括学生的学号、姓名、性别、出生日期、所属班级、所属院系、籍贯等。当有新生到校时，就启动相应的信息管理功能，对所有的学生信息进行记录与注册，随时掌握学生的基本信息。

（2）学生学籍的管理主要是对学生的学籍变更情况及时记录和管理，记录变更的原因有：转系、休学、复学、退学和毕业离校。

（3）学生成绩的管理是每次考试结束后对学生各个科目的成绩进行录入工作和对成绩数据出错的校对工作及更改工作。

（4）奖惩管理是针对学生在校的表现情况，对学生进行相应的管理工作，奖励的项目有各种奖学金和文体奖励，处罚的项目有通报批评、警告、严重警告、记过、留校察看、开除等。

（5）系统管理主要是执行数据库备份和恢复、数据库表的维护等工作，保证系统的正常运行。

学生管理信息系统作为典型的数据库项目应用的一种，其开发流程包括需求分析、UML 系统建模、确定系统集成方案、数据库分析和设计及各功能模块的开发等。下面介绍一下学生管理信息系统的数据库分析和设计开发过程。

9.1.2 需求分析

需求分析是数据库系统开发的第一步，也是最重要的一步。需求分析可以分为两个过程：一是正确理解客户需求，二是分析需求。下面分别讲解这两个过程的分析情况。

（1）客户需求

通过对学生管理信息系统的终端用户和客户进行大量的调研，才能真正理解终端用户和客户的需求，才能开发出合理的、实用的管理系统，才能满足各大、中、小学校的管理需要。基于大量的调研数据，下面列出最典型、最关键的需求。

1）每年开学时，新生报到，要对每位新生的信息建立个人档案，这部分工作由学籍科的管理人员进行维护和操作。学生个人档案包括学生学号、姓名、性别、出生日期、所属院系、籍贯等。

2）考试结束时，教务科的管理人员将学生各科的成绩录入数据库，以备随时查询。当然，录入成绩也有出错的可能，所以，必须具有校对修改成绩的功能。

3）当学生的表现出色或差的时候，学生科的管理人员应该对其进行奖励或处罚，相应的奖励（或处罚项）和奖励（或处罚）时间的数据都应该入库。

4）当学生因为疾病、学业修完等原因学籍需要变更的时候，学籍科的管理人员应该对其进行学籍变更手续。

5）学生应该具有查询个人信息和成绩的权力和权限。

6）系统还应该提供强大的数据统计、查询、报表生成及打印等功能。

7）系统客户端运行在 Windows 平台下，服务器端可以运行在 Windows 平台或者 Unix 平台下。

8）系统应该有很好的可扩展性。

为便于掌握，在本系统中主要提供新生信息录入、学籍变更、成绩管理和奖惩管理等相关的功能。其他通用功能，这里不再详细讲解，各院校根据需要自行添加一些功能。

（2）分析需求

分析需求就是描述系统的需求，通过定义系统中的实体（关键类）来建立模型。分析的根本目的是在开发者和提出需求的人之间建立一种理解和沟通的机制，因此，学生管理信息系统的需求分析是开发人员和学校管理人员一起完成的。

分析需求的第一步是描述学生管理信息系统的功能，即定义用实体、实体中属性及实体之间的联系，构建局部的 E-R 图，然后将局部的 E-R 图进行合并来消除冲突和冗余，得到高校学生管理信息系统的全局的 E-R 模型。这一过程详见项目一任务二的第三小节概念结构的设计。

以此确定系统的功能需求。一所学校的主要成员就是学生和学校的管理人员、教师、系统管理员等，管理人员主要指学籍科、学生科和教务科的人员，他们是学生管理信息系统的主要使用者。学生也是学生管理信息系统的重要使用者，只是具备的管理权限没有管理人员那么广。系统管理员也是其中一个管理人员。

学生管理信息系统的用例包括以下内容。

- 新生信息；
- 学生成绩（包括录入和校对）；
- 学籍变更；
- 学生奖励；
- 学生处罚；
- 学生信息查询修改。

学生信息查询修改用例包括学生对个人基本信息的查询和修改，这些信息指的是新生入学时被录入的基本的信息。此外，学生还具有查询和打印成绩的权限，查询奖惩情况、学籍变更记录等权限。

学生管理信息系统的分析可以用 UML 的用例图来描述。每个用例还可以以文本的方式描述，描述的内容包括用例及用例与角色交互的更详细的信息，文本的内容是通过和用户讨论后确定的。下面给出上述用例的描述。

1）新生信息

增加学生记录→标记学生学号→确定学生院系→确定学生班级。

2）学生成绩

增加学生成绩记录→校对学生成绩。

3）学籍变更

增加学籍变更记录→标记变更原因→标记变更时间。

4）学生奖励

增加学生奖励记录→标记奖励项目→标记奖励时间。

5）学生处罚

增加学生处罚记录→标记处罚等级→标记处罚时间。

6）学生信息查询修改

查询个人信息→修改个人信息→保存个人信息→查询奖惩情况→查询学籍变更情况→打印成绩单。

（3）UML 系统建模

在上面需求分析中列出了学生管理信息系统的全部用例：新生信息、学生成绩、学籍变更、学生奖励、学生处罚、学生信息查询修改。这里我们建立其用例，如图9-1所示。

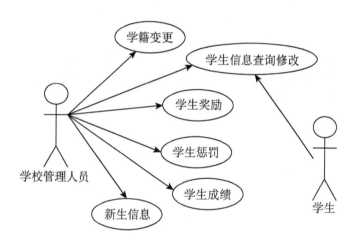

图 9-1　学生管理信息系统用例分析图

该用例图标记了所有的学生管理信息系统的用例，从中可以得知，学生管理信息系统的角色可以划分为两类。

● 学校管理人员：用例包括学生管理信息系统的所有用例。

● 学生：用例只有学生信息查询修改。

要注意的是，学校管理人员具有查询和修改所有数据的权限，处于高权限位置，而学生只有修改个人基本信息、查询奖惩情况、查询学籍变更情况和打印成绩单的权限，处于低权限位置。

（4）学生管理信息系统的类分析

UML 建模的第二步就是类分析。在开发学生管理信息系统时，类分析是建立在用例分析基础上的。要详细了解系统要处理的概念，最好是将学校管理人员组织起来开个讨论会，详细讨论和列举所需要包含的用例，了解概念和概念之间的关系。

学生管理信息系统中的类对象主要包括：学生（Student）、成绩（Score）、学籍变更（Change）、奖励（Encourage）、处罚（Punish）。可以在类图中将上面这些类及它们之间的关系表示出来，如图9-2所示。

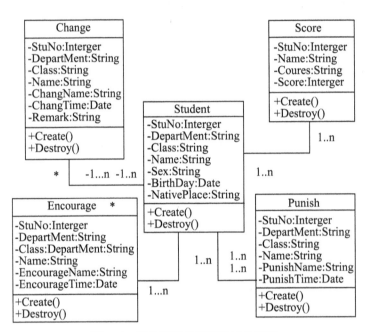

图9-2　学生管理信息系统域类草图

需要说明的是，这里的类分析还是处于"草图"状态，定义的操作和属性不是最后的版本，只是在现阶段看来这些操作和属性是比较合适的，有些操作将在时序图的草图中定义，而不是在用例中定义。

有些类可以用 UML 状态图来显示类的对象的不同状态及改变状态的事件。在本系统中有状态图的类是学生，该类的状态图将在后面的内容中介绍。

为了描述域类的动态行为，可以使用 UML 的时序图、协作图或者活动图来描述。本书选用时序图。时序图的基础是用例。在时序图中要说明域类是如何协作以操作该系统中的用例。当然，在建立时序图时，将会发现新的操作，并将其加入类中，这将在后面看到所建立的时序图模型。用时序图建模时，需要窗口或对话框作为角色界面。显然，这里需要操作界面的有基本信息、奖励、处罚、学籍变更、修改查询等，此外，维护也需要一个操作界面。

（5）数据库分析

在开发学生管理信息系统时，可以先进行 E-R 图分析，然后对表和字段进行分析，最后进行数据库建模。

对学生管理信息系统的 E-R 图分析是建立在 UML 系统模型基础上的，这里给出 E-R 图分析的结果。实体关系图的分析结果非常复杂，一般情况下使用从简到繁的方式进行设计。首先从大的方面设计出各个实体之间的关系，然后在这个关系的基础上进行细化。在简图的基础上进一步设计实体关系的详细结构，如项目一任务二的图 1-14 所示。图 1-14 只是学生管理信息系统最基本元素的实体关系图，读者可以在此基础上根据用户的不同需要进行扩展。考虑到篇幅所限，这里就不再详细介绍其他扩展了。

▶▶ 任务二　学生管理信息系统设计

9.2.1　学生管理信息系统类的设计

（1）学生管理信息系统类设计

在设计阶段，首先要设计类的状态图。类的状态图说明了可能的状态及需要被处理的过渡期，使用状态图可以提示单个对象在整个系统中的变化细节，对了解和实现关键类有较大的帮助。并不是所有的类都有状态图，在学生管理信息系统中，有状态图的类是学生。学生的状态图如图 9-3 所示。

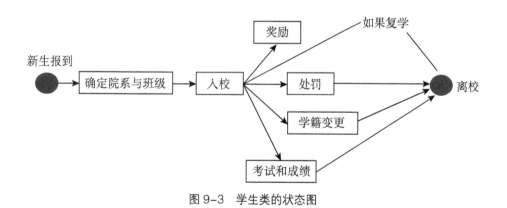

图 9-3　学生类的状态图

设计阶段的最后一步是设计 UML 模型，也就是将前面设计的模型进行扩展和细化。设计的目的是产生一个可以使用的解决方案，并且可以容易地将方案转换成程序代码。下面给出学生管理信息系统的部分时序图。

1）学生的时序图，如图 9-4 所示。

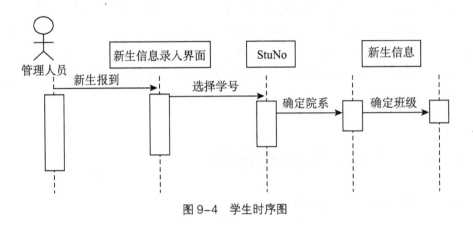

图 9-4　学生时序图

2）学生成绩的时序图，如图 9-5 所示。

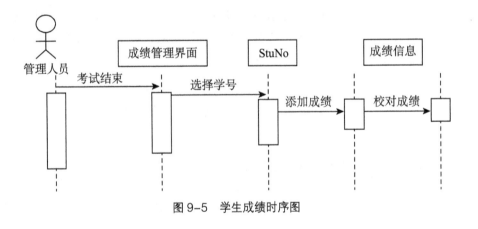

图 9-5　学生成绩时序图

3）奖励时序图，如图 9-6 所示。

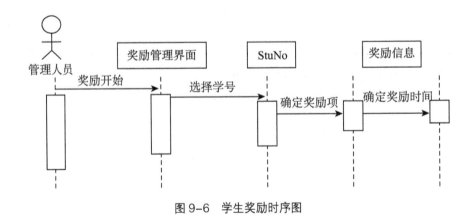

图 9-6　学生奖励时序图

还有学籍变更的时序图、学生处罚的时序图、学生查询修改的时序图留给读者进行分析与设计。在这里就不再描述了。

（2）学生管理信息系统架构设计

时序图设计完成后，开始进行学生管理信息系统的架构设计和细节设计。在架构设计中将定义包（子系统）、包间的相关性和基本的通信机制。

设计架构时，应该将应用逻辑和技术逻辑分割。应用逻辑是需要编码设计的，而技术逻辑主要包括用户界面、数据库或者通信，一般是已经有的。学生管理信息系统中的包（或者为子系统、层）有如下几个，如图9-7所示。

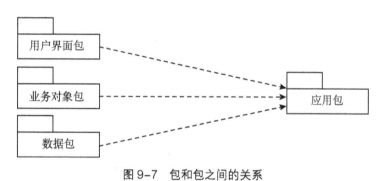

图9-7　包和包之间的关系

1）用户界面包（User Interface Package）：为通用用户界面类，调用业务对象包中的操作检索和插入数据，可以简单地把它们看成将来用户要操作的界面。

2）业务对象包（Business Object Package）：业务对象包包含上面设计的分析模型的域类。业务对象包同数据库包协同完成任务。

3）数据库包（Database Package）：数据库包向业务对象数据包提供服务。

4）应用包（Utility Package）：应用包向其他包提供服务。

至此，UML系统建模完成。

9.2.2　学生管理信息系统数据库设计

表/字段分析是建立在实体关系图基础上的。对表和字段分析后就可以利用PowerDesign建立数据为模型了。以项目一中的图1-14所示的高校学生管理信息系统的基本E-R图为基础，可设计表和字段，然后建立数据库模型。当然如果是使用PowerDesign设计的E-R模型，则可以使用PowerDesign自带的工具产生表和字段并建立数据库模型。对于比较复杂的数据库使用上面提到的设计工具进行表和字段分析，以减轻工作量并提高设计质量。

建立的数据库模型如图9-8所示。

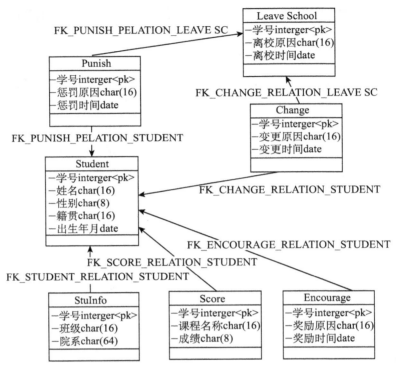

图 9-8　学生管理信息系统的数据库模型图

　　数据库设计与应用程序设计是分离的,数据库的设计非常重要。有了数据库模型,数据库的设计就简单多了。在学生管理信息系统中,首先要创建学生管理信息系统数据库,然后在数据库中创建需要的表和字段。下面分别讲述本系统中数据库的设计。考虑到学生学习的方便,本例采用 SQL Server 数据库系统来进行数据库的设计。

　　依据上面的数据库的模型,对学生管理信息系统分析共形成 6 个数据库表结构,见项目一任务三的表 1-10 至表 1-16。

9.2.3　学生管理信息系统界面设计

　　界面设计工作在进行开发的时候是必不可少的,也是十分重要的。下面就对学生管理信息系统的界面设计工作进行讲解。

图 9-9　登录界面

　　(1)学生管理信息系统登录界面设计

　　利用用户登录功能实现对用户操作权限的限制。管理员和学生的权限不一样,管理员拥有系统的所有权限,学生只有查询修改个人信息和打印成绩单的权限。用户必须输入正确的密码才能进入下一个界面。如果用户密码输入错误,应用程序会提示错误信息。用户如果连续

3次输入错误，应用程序会强迫使用者退出并终止应用程序的运行。学生管理信息系统登录界面如图9-9所示。

（2）学生管理信息系统主界面设计

学生管理信息系统主界面主要实现新生信息录入、成绩管理、学籍变更、处罚管理、奖励管理和查询修改的功能。选择该界面中工具栏中不同功能的窗体。学生管理信息系统主界面窗体如图9-10所示。

图9-10　学生管理信息系统主界面窗体

（3）新生信息录入界面设计

新生信息录入界面主要实现学生信息的添加功能，包括学号、性别、出生日期、籍贯、姓名、班级、所属院系等信息的添加，新生信息录入界面窗体如图9-11所示。

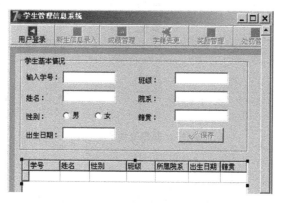

图9-11　新生信息录入界面窗体

（4）成绩管理界面设计

成绩管理界面主要实现成绩的添加和校对修改功能，成绩管理界面窗体如图9-12所示。

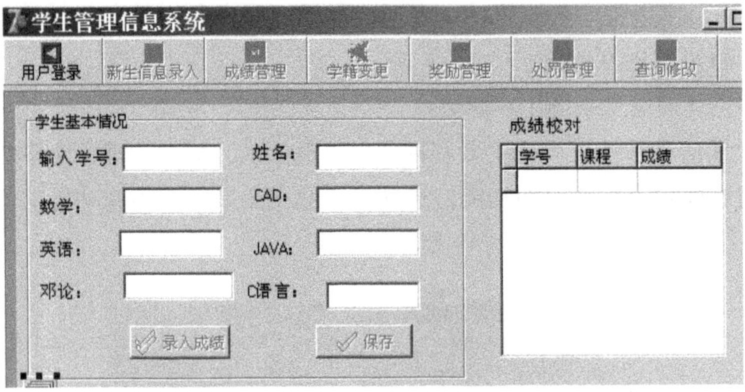

图 9-12　成绩管理界面窗体

(5) 学籍变更界面设计

学籍变更界面就是实现学生学籍变更的功能，主要包括对学生学籍变更项、变更的时间及变更的缘由进行录入、保存界面。学籍变更界面窗体如图 9-13 所示。

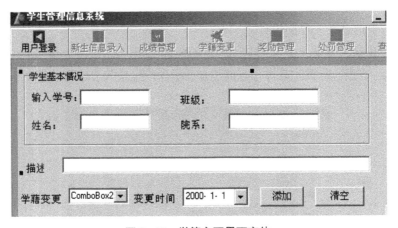

图 9-13　学籍变更界面窗体

(6) 奖励管理界面设计

当学生在校表现优秀，学校应该奖励该学生，以鼓励大家的学习热情。奖励管理界面用于实现学生奖励的功能。相应的奖项有校特等奖、校一等奖、校二等奖、校三等奖、工作奖等，用户可以根据实际情况进行设计。奖励管理界面窗体如图 9-14 所示。

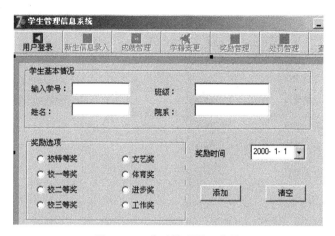

图 9-14　奖励管理界面窗体

（7）处罚管理界面设计

当学生在校的表现差，学校应该处罚该学生。处罚管理就是实现学生处罚功能。相应的处罚项有警告、记过、开除等，用户可以根据实际情况进行设计。处罚管理界面窗体如图 9-15 所示。

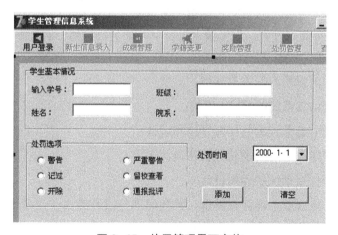

图 9-15　处罚管理界面窗体

（8）查询修改界面设计

学生可以根据自己的学号在查询修改界面中查询自己的个人信息，包括基本信息、个人成绩、学籍变更情况、奖励情况和处罚情况。如果发现基本信息有错误，有权进行修改，学生有权打印自己的成绩单。学生查询修改界面设计如图 9-16 所示。

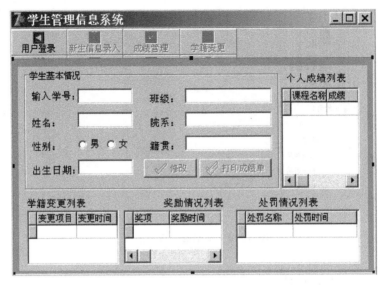

图 9-16   学生查询修改界面

▶ 小结

本项目以学生管理信息系统为实例，采用面向对象方法详细地讲解了学生管理信息系统的开发步骤与过程，以便读者进行学习并灵活运用，起到举一反三的效果。本项目主要包括如下内容：

- 学生管理信息系统的需求分析；
- 学生管理信息系统的 UML 建模；
- 学生管理信息系统的数据库分析和设计；
- 学生管理信息系统的类的分析和设计；
- 学生管理信息系统的界面设计。

由于篇幅有限这里不再详细讲解，其代码部分没有给出，读者可以根据自己的熟悉语言来编写代码来实现每一个模块的功能。

项目十

网上火车订票系统

信息时代已经来临，信息处理的利器——计算机应用于火车站售票的日常管理为火车站售票的现代化带来了从未有过的动力和机遇，为火车站票务管理领域的飞速发展提供了无限潜力。采用计算机管理信息系统已成为火车站票务管理科学化和现代化的重要标志，给火车站票务带来了明显的经济效益和社会效益。在此背景下，本项目论述了网上火车订票管理系统的设计实现，通过对各种数据库管理系统的模型分析，结合火车站票务销售查询过程的实际需求，同时还说明了火车订票管理系统的开发过程及各种技术细节。本系统是适应时代发展的需要、提高管理的效率而开发设计的。

▶▶ 任务一 概述

10.1.1 课题背景及目的

中国拥有总里程超过五万公里的铁路线，是世界上最大的铁路运输网之一。而铁路客运服务在其中又占有非常重要的地位。其中有 5000 多个车站承办客运业务，日开列车 2000 多列。为了在日益加剧的客户运输服务竞争中确保优势，改善铁路客户的服务质量，铁道部门一直在努力寻找提高竞争力、改善服务的新途径。火车售票是铁路运输业务管理的一项最基本业务。表面上看，它只是铁路运输业务的一个简单部分，但是它涉及的业务量大、客户多，还涉及资金管理与客户服务等多方面，因此这项业务不像看上去那么简单。

课题背景：目前火车站的售票方式大都还是手工操作，这样一方面造成了车站的拥挤不堪，另一方面很大程度上浪费了购票者的时间，特别是春节期间买一张票可能要等上 10 多个小时，如果能够改变这一现状，可以使火车站秩序井然有条，易于管理，而且可以省掉广大客户的很多时间，还可以通过送票方式来增大社会的就业岗位，可谓"一举三得"，所以这一体制的改革势在必行。

目的：以改变这种现状为目的，使广大购票者通过上网就能够进行车次查询、车票预定、退票等功能，而火车站方面通过管理系统根据时间季节变换来增删车次。

本项目主要介绍课题的开发背景，所要完成的功能和开发的过程，重点说明系统设计的重点、设计思想、难点技术和解决方案。

10.1.2 课题研究方法

课题研究是在熟悉 ASP 语言情况下，对订票系统的客户需求做进一步了解，采用 Windows Server 2003 系统，用 SQL Server 2000 建立相关数据库，在 Dreamweaver 2004 上做成一个系统。

系统最终目标：中国铁路客票发售和预订系统的最终目标是建立一个覆盖全国铁路的计算机售票网络，实现客票管理和发售工作现代化，从而方便旅客购票和旅行，提高铁路客运经营水平和服务质量，达到国际先进水平，成为世界上规模最大的铁路客票发售和预订系统。未来目标如下：

实现全部火车营业站计算机联网售票，以机器代替人工作业，以软票替代常备客票。在任一售票窗口可发售任意方向和任意车次的客票，最大限度地为旅客提供方便。

系统可预订、预售和发售当日客票，具有售返程、联程等异地购票功能。

系统预售期为 3 天。

实现票额、座席、制票、计费、结算、统计等工作的计算机管理。逐步形成统一的客票信息源，实现信息共享。

加强客票信息管理与分析，提高座席利用率，为铁路客运组织与管理工作提供辅助决策支持。

10.1.3 火车订票步骤

（1）用户通过网页中提供选单选定预订项目，并填写联系方法，形成订票请求。

（2）订票请求提交后，网站返回用户的订票请求页面（包括预订项目和联系方法）请用户确认或修改。

（3）用户确认订票请求无误并提交后，网站返回订票成功的页面。

（4）当特约服务代理人确定用户的订票请求后，会提供出票、送票、退票等网上订票服务。

10.1.4 用户需求分析

本系统必须满足下面两方面的需求。

（1）针对车票订购者

对于车票订购者来说，首先，要求订购界面简洁明了，有较好的亲切性，简单易操作；其次，用户关注的就是此类系统所提供的信息的准确性；最后，要求此类系统反应迅速，能够让车票订购者尽可能快地拿到火车票。

（2）针对火车站

对于火车站而言，首先，当然是系统的安全性，系统的安全与否，直接影响了网上售票的盈亏、车站的声誉等。其次，他们也要求此类系统的管理端功能足够强大，能够让管理员方便增加、删除或是修改车次信息。

▶▶ 任务二　系统结构分析

10.2.1　系统功能分析

软件系统的总体设计大约要经历可行性分析和项目开发计划、需求分析、概要设计、详细设计、编码、测试及维护等七个阶段。下面所要做的是进行软件需求分析、概要设计和详细设计。

研究思路和工作计划：

如研究任何其他软件项目一样，也经历了从选题、调研、熟悉开发环境、实验关键技术、查找类似系统的资料到系统概要设计、数据库结构设计、功能模块开发、功能模块测试、系统调试和系统试运行和修改。

系统功能分析是在系统开发的总体任务的基础上完成。本项目中的网上火车订票系统分为前台和后台两部分，前台需要完成的功能主要有：

- 用户注册信息：注册成为系统的会员，包括编号、姓名、性别、年龄、籍贯、账号、密码、身份证号码、联系方式等重要信息。
- 车票信息的查询：用户可以查询起始站、车次、有无车票等信息。
- 车票信息的输入和修改：用户填写订票表单，写明起始站、车次、日期、席别、张数、送票的详细地址等信息；修改用户填写的订单信息；如何退票等。

后台需要完成的功能主要有：

- 管理会员信息：管理会员信息，包括确认和删除会员。
- 车次管理信息：主要是添加、删除、修改车次信息。
- 车票管理信息：主要是确认、删除车票信息。

10.2.2　主功能模块介绍

（1）列车基本信息设置。

（2）列车时刻表设置。

（3）票务信息设置。

（4）旅客订票。

（5）管理员审核。

10.2.3　系统结构设计

系统的概要设计中最重要的就是系统的模块化。模块化是指解决一个复杂问题时自顶向下逐层把软件系统划分成若干个模块的过程。每个模块完成一个特定的功能，所有的模块按某种方法组织起来，成为一个整体，完成整个系统所要求的功能。

将系统划分为多个模块是为了降低软件系统的复杂性，提高可读性、可维护性，但模块的划分不能是任意的，应尽量保持其独立性。也就是说，每个模块只完成系统要求的独立的子功能，并且与其他模块的联系最少且接口简单，即尽量做到高内聚低耦合，提高模块的独立性，为设计高质量的软件结构奠定基础。

在系统的概要设计中采用结构化设计（Structure Design，简称 SD），SD 以需求分析阶段产生的数据流图 DFD 为基础，按一定的步骤映射成软件结构。首先将整个系统划分为几个小问题、小模块，在系统中，设计了系统的登录与退出、系统设置、系统管理、用户管理和帮助共 5 个模块。然后，进一步细分模块，添加细节。

（1）列车基本信息设置

此功能是对列车的基本信息进行设置，包括列车的班次、列车的起始站和终点站及一些列车的其他备注信息。

添加列车信息：添加一个新的列车信息，按照数据库设计出的表结构依次填入必填项，确认后向数据表中插入数据，同时给出已经添加成功提示。

删除列车信息：删除一个存在的列车信息，删除的时候给出提示以免误删除操作，确认无误后将数据信息删除，并给出已经删除成功提示。

查询列车信息：查询列车信息时，用户可根据自己的需要输入单个或者多个条件，以进行单条件或联合查询，并使查询结果更加明确。

修改列车信息：从数据库中调出列车信息的内容，并对某一项进行修改，但是对于数据库中的主键是不能修改的。

（2）列车时刻表设置

此功能是为不同班次的列车设置时刻表。

添加列车时刻表信息：为列车添加始发时间和到达终点站时间等基本信息。

删除列车时刻表信息：删除相应列车时刻表的信息。

修改列车时刻表信息：浏览所有列车时刻表的信息，然后对相应的数据项进行修改。

查询列车时刻表信息：浏览所有列车时刻表的信息。

（3）票务信息设置

这部分主要完成对某班次列车的票务信息进行设置，管理员可以输入某个区间段起始和终止的两个车站，并设置这段区间内的车票价格。

添加票务信息：管理员指定某班次列车在某个区间段内的起始地点和终止地点，并为这个区间段设置票价（比如广州到北京的列车，管理员可以设置其中一个区间段，如长沙到郑州的价格为多少）。

删除票务信息：根据实际情况（列车不再停靠某些站点、某些站点取消等情况），完成对这些站点的票务信息的删除。

修改票务信息：由于春运和节假日的到来，车票会有一定的涨幅，以及其他一些情况需要对票务信息进行修改。

查询票务信息：可以查询某班次列车在某区段的未销售的票数及票的种类（硬座、硬卧等）。

（4）旅客订票

旅客在登录系统后，首先需要注册一个用户名和密码，注册并登录系统成功后，进入订票系统，旅客可以分类查询列车的详细情况（包括列车班次、列车开车时间、列车到达目的地时间、各个区段内的票价、还剩的票数等基本情况），旅客可以预定自己需要的票（可预定多张）。

（5）管理员审核

对于旅客预订的车票，必须通过某种权限的管理员审核后，该票才会邮寄到旅客注册信息里提供的地址，如果没有通过管理员审核，表明该旅客的订票是失败的。

任务三　概念模型设计

目前，在概念设计阶段，实体联系模型是广泛使用的设计工具。

10.3.1　构成系统的实体型

本系统包括普通用户、管理员、车次三个主要实体。

普通用户实体属性有编号、姓名、性别、年龄、籍贯、账号、密码、身份证号码、联系方式等信息。

管理员实体属性有员工编号、姓名、性别、年龄、籍贯、账号、密码、身份证号码、联系方式等信息。

车次实体属性有车次编号、开始站、终点站、票型、价位等信息。

10.3.2　系统局部 E-R 图

普通用户实体与车次实体存在订票的联系，但是需要管理员确认才行，因此车票是由用户、车次、管理员三者发生关系而产生的，一个普通用户可以订购多张票，所以它们之间存在一对多联系 (1∶n)，如图 10-1 所示。管理员实体与车次实体存在增删的联系，一个管理员增加或者删除多个车次，因此它们之间存在一对多联系 (1∶n)。另外，管理员和用户分别对车次有增删和查询关系，管理员和用户之间还有确认关系等。

系统的 E-R 图，只反映应用实体型之间的联系，但不能从整体上反映实体型之间的相互关系。另外，对于一个较为复杂的应用而言，各部分是由多个分析人员合作完成的，画出的 E-R 图只能反映各局部应用。为减少这些问题，必须根据实体联系在实际应用中的语义，进行综合、调整和优化，得到系统的合成优化 E-R 图，如图 10-1 所示。

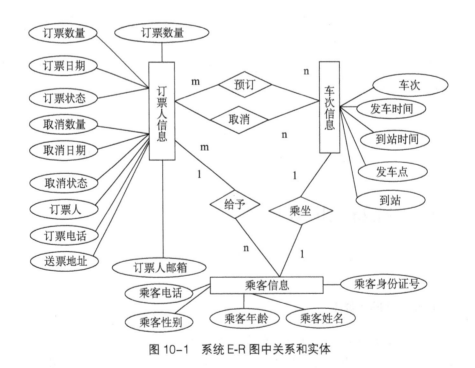

图 10-1　系统 E-R 图中关系和实体

10.3.3　系统功能模块设计

对上述各项功能进行集中、分块，按照结构化程序设计的要求，得到系统功能模块图，如图 10-2 所示。

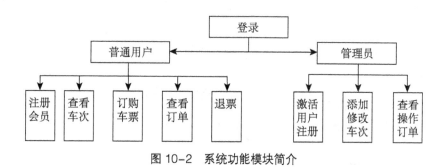

图 10-2　系统功能模块简介

任务四　逻辑结构设计

逻辑设计阶段的主要任务，把 E-R 图转化为所选用 DBMS 产品支持的数据模型。由于该系统采用 SQL Server 关系型数据库系统，因此，应将概念设计的 E-R 模型转化为关系数据模型。

10.4.1　转化为关系数据模型

首先，从普通用户实体和车次实体及它们之间的联系来考虑。普通用户实体和车次实体之间的关系是一对多的联系，所以将普通用户和车次及查询联系型分别设计成以下关系模式：

普通用户（用户编号，姓名，性别，年龄，籍贯，账号，密码，身份证号码，联系方式）

车次（车次编号，开始站，终点站，票型，价位）

用户实体、管理员实体和车次实体之间的联系是一对多的联系型（1：n），所以可以用以下模式来表示：

普通用户（用户编号，姓名，性别，年龄，籍贯，账号，密码，身份证号码，联系方式）

管理员（编号，姓名，性别，年龄，籍贯，账号，密码，身份证号码，联系方式）

车次（车次编号，开始站，终点站，票型，价位）

车票（车票编号，车次，时间，起始站，票价）

10.4.2 数据库表的结构

得出数据表的各个关系模式后，需要给出各数据表结构。考虑系统的兼容性及编写程序的方便性，可将关系模式的属性对应为表字段的英文名。同时，考虑到数据依赖关系和数据完整性，需要指出表的主键和外键，以及字段的值域约束和数据类型。系统各表的结构如下所示。

（1）traininfo 表。记录列车的基本信息，如图 10-3 所示。

图 10-3　车次信息表截图

TNO 表示火车的班次；

s_station 表示火车的起始站；

e_station 表示火车的终点站；

tinfo 表示备注信息。

（2）schedue 数据表，如图 10-4 所示。

记录列车的发车和到达终点站的时刻信息

图 10-4　schedue 表截图

由于列车的起始站和终点站相对固定，但是列车的始发时间和到达终点站的时间经常会改变，因此用两个不同的表来存储这些信息。

FNO 表示发车编号；

TNO 表示车次；

s_time 表示始发时间；

e_time 表示到达终点站时间；

finfo 表示备注信息。

（3）charge 数据表（用来设置票价信息），如图 10-5 所示。

列名	数据类型	长度	允许空
ticketNO	int	4	
TNO	varchar	30	
start_s	varchar	100	
end_s	varchar	100	
charge	float	8	
cinfo	varchar	100	✔
tnum	int	4	
kind	varchar	30	✔

图 10-5　charge 表截图

ticketNO 表示某种票价的唯一编码，自动生成（比如武汉到北京的硬座是一种票价，同班次的武汉到北京的软卧又是一种票价）；

TNO 表示次号；

start_s 表示某个区间段的起始地点；

end_s 表示某个区间段的终止地点；

charge 表示该区间段的车票价格；

cinfo 表示备注信息；

tnum 表示预订票数；

kind 该种类型的车票种类（硬座，硬卧，软卧等）。

（4）orderTicket 表（用来保存和记录旅客的订票信息），如图 10-6 所示。

	列名	数据类型	长度	允许空
🔑	orderID	int	4	
	user_name	varchar	50	
	user_password	varchar	50	
	name	varchar	30	
	sex	varchar	10	
	ID	varchar	30	
	address	varchar	100	
	mail	varchar	20	
	tel	varchar	20	
	email	varchar	30	✓
	info	varchar	200	✓
	ticketnum	int	4	
	TNO	varchar	30	✓
	ticketNO	int	4	✓
	state	int	4	

图 10-6　orderTicket 表截图

orderID 是订票的唯一编号，旅客每订一次票都会生成不同的 orderTicket 编号（一次订票一个编号）；

user_name 表示旅客登录系统的用户名；

user_password 表示旅客登录系统的密码；

name 表示旅客的真实姓名；

sex 表示性别；

id 表示身份证号；

address 表示邮寄地址；

mail 表示邮寄地址的邮政编码；

tel 表示联系电话；

email 表示联系邮件地址；

info 表示备注信息；

ticketnum 表示预订票数；

TNO 和 ticketNO 是外码；

state 表示状态（审核中，还是审核通过）。

▶ 任务五　系统界面设计及实现

10.5.1　系统界面设计

界面设计工作在进行开发的时候是必不可少的。下面就对网上火车订票系统的界面设计进行讲解。

（1）主界面

主界面是对用户的身份进行识别，设置成订票旅客与管理员两种不同身份用户进入不同的管理界面。以实现各自的功能。此界面应尽量清晰明了，方便管理员或者旅客用户进入。其主界面设计如图 10-7 所示。

图 10-7　主界面

（2）订票旅客界面

订票旅客界面主要完成订票旅客身份的验证工作，如果旅客已经注册过，可通过输入用户名和密码及正确的注册码，登录到相关页面，进行订票。如果没有注册，可登录到"注册界面"，完成用户的注册。其界面设计如图 10-8 所示。

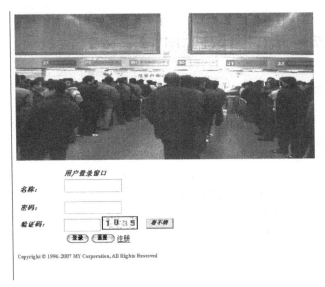

图 10-8　订票旅客界面

（3）注册界面

完成用户基本信息的注册，如要注册成为系统的会员，需要填写的详细信息包含真实姓名和身份证号及联系电话，这样既可保证方便联系订票的旅客，也保证系统的安全性，防止个别旅客随意乱订票，扰乱订票系统。其界面设计如图 10-9 所示。

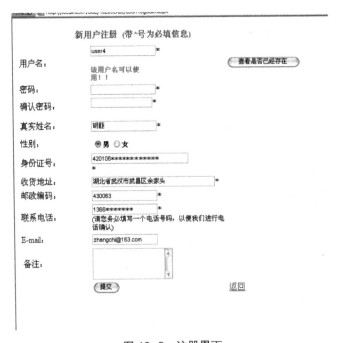

图 10-9　注册界面

（4）系统界面

系统界面用来显示列车的基本信息，以及票的销售信息，旅客可以通过不同的条件对这些信息进行模糊查询。查选的方式需提供起终站方式和班次方式，方便旅客查询。其界面设计如图10-10所示。

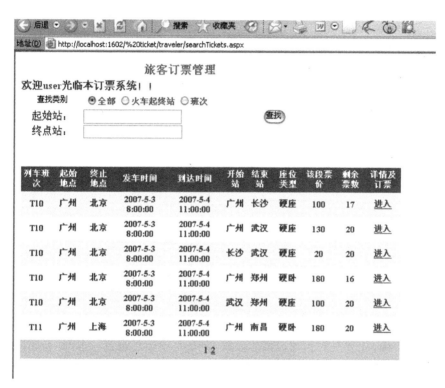

列车班次	起始地点	终止地点	发车时间	到达时间	开始站	结束站	座位类型	该段票价	剩余票数	详情及订票
T10	广州	北京	2007-5-3 8:00:00	2007-5-4 11:00:00	广州	长沙	硬座	100	17	进入
T10	广州	北京	2007-5-3 8:00:00	2007-5-4 11:00:00	广州	武汉	硬座	130	20	进入
T10	广州	北京	2007-5-3 8:00:00	2007-5-4 11:00:00	长沙	武汉	硬座	20	20	进入
T10	广州	北京	2007-5-3 8:00:00	2007-5-4 11:00:00	广州	郑州	硬卧	180	16	进入
T10	广州	北京	2007-5-3 8:00:00	2007-5-4 11:00:00	武汉	郑州	硬座	100	20	进入
T11	广州	上海	2007-5-3 8:00:00	2007-5-4 11:00:00	广州	南昌	硬卧	180	20	进入

图 10-10　系统界面

（5）旅客订票界面

完成旅客订票功能，旅客输入订购车票的详细信息后，系统会给出详细列车车次、始发站、始发站时间、终点站、终点站时间、票价、预订票数等详细信息，供旅客进行浏览，最终完成订票。其界面设计如图10-11所示。

地址(D) http://localhost:1602/%20ticket/traveler/orderTicket.aspx?id=6

旅客订票管理

列车班次：	T10
始发时间：	2007-5-3 8:00:00
终点站时间：	2007-5-4 11:00:00
始发站：	广州
终点站：	北京
售票开始站：	广州
售票结束站：	长沙
票价：	100 元
目前票数：	17 张
备注：	学生凭学生证享受半价优惠
预定票数：	1 张 确定 返回

图 10-11 旅客订票界面

（6）管理员界面

管理员界面，主要是对管理员信息设置、列车基本信息设置、列车运行时间设置、审核订票信息、确认注册用户、查询订票旅客信息等。其界面设计如图 10-12 所示。

图 10-12 管理员界面

（7）列车运行时刻设置界面

列车运行时刻设置界面，对列车的起始时间、截止时间、班次进行设置及修改。查询方式需要包含多种方式，起始站、终点站方式及班次，方便管理。其界面设计如图 10-13 所示。

图 10-13 列车运行时刻设置界面截图

（8）火车票价设置界面

火车票价设置界面完成对某班次的火车的时间、起始站、座位种类、票价、票数等进行设置、编辑及删除。此界面只需提供班次查询即可，因为此界面主要功能是管理员用来修改车次的信息。其界面设计如图 10-14 所示。

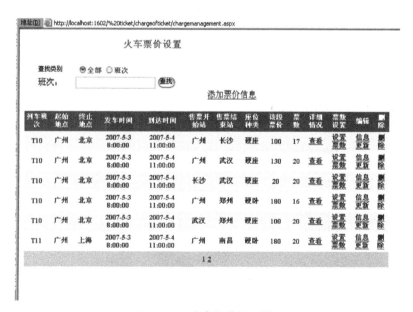

图 10-14 火车票价设置界面

（9）火车车票订票审核管理界面

火车车票订票审核管理界面主要功能是查看通过审核的旅客的订票信息，查看订票旅客的姓名、车次、发车时间、开始站和结束站及订购票数和票价等。其界面设计如图 10-15 所示。

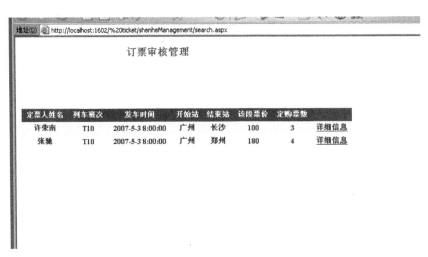

图 10-15　订票审核界面

（10）已订票旅客详细信息

本界面的功能是查看已经订票的旅客的详细信息，方便管理员和旅客自己查看订票情况及核对信息。其界面设计如图 10-16 所示。

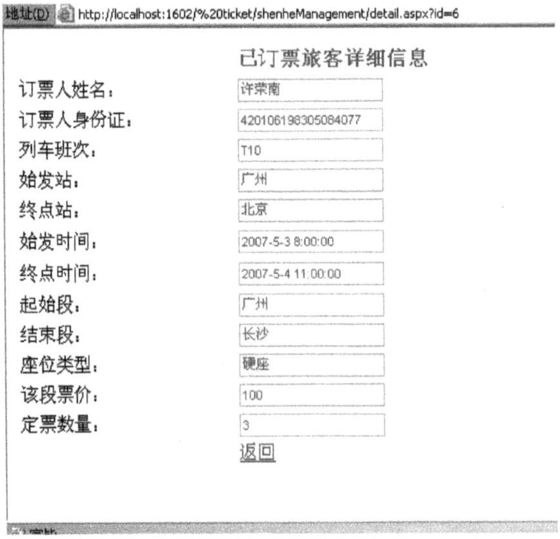

图 10-16　已订票旅客详细信息界面

10.5.2　系统代码实现

基本类说明：

SqlData 类，主要完成对数据库的操作：

```
using System;
using System.Data;
using System.Configuration;
using System.Web;
using System.Web.Security;
using System.Web.UI;
using System.Web.UI.WebControls;
using System.Web.UI.WebControls.WebParts;
using System.Web.UI.HtmlControls;
// 添加引用空间
using System.Data.SqlClient;


/// <summary>
/// SqlData 的摘要说明
/// </summary>
public class SqlData
{
    private SqlConnection con;
    public SqlData()
    {
        //
        // TODO: 在此处添加构造函数逻辑
        //
    }

    /// <summary>
    /// 连接数据库
    /// </summary>
    /// <returns></returns>
     public SqlConnection ExceCon()// 连接并打开数据库
    {
```

```
        if (con == null)
        { con = new SqlConnection(ConfigurationManager.AppSettings["ConSQL"]);
}// 从配置文件中读入数据库连接信息
        if (con.State == System.Data.ConnectionState.Closed)
            con.Open();
        return con;
    }

    #region

    /// <summary>
    /// 绑定 GridView 控件
    /// </summary>
    /// <param name= "dl" > 要绑定的 GridView 控件 </param>
    /// <param name= "cmdtxt" > 要执行的 SQL 语句 </param>
    /// <param name= "tblName" > 绑定的数据表名 </param>
    /// <returns></returns>
    public bool BindData(GridView dl, string cmdtxt,string tblName)// 将数据绑定到
GridView 控件
    {
        dl.DataSource = this.ExceDS(cmdtxt,tblName);// 执行 SQL 语句
        try
        {
            dl.DataBind();
            return true;
        }
        catch
        {
            return false;
        }
        finally
        {
            ExceCon().Close();
        }
```

```
}
#endregion
#region
/// <summary>
/// 返回一个 DataSet 数据类型的数据
/// </summary>
/// <param name= "cmdtxt" > 要执行的 SQL 语句 </param>
/// <param name= "tblName" > 要绑定的数据表 </param>
/// <returns></returns>
public DataSet ExceDS(string cmdtxt,string tblName)// 返回一个 DataSet 数据类型
{
    SqlConnection Con = ExceCon();
    SqlCommand Com;
    DataSet ds=null;
    try
    {
        Com = new SqlCommand(cmdtxt, Con);// 执行对应的 SQL 语句
        SqlDataAdapter Da = new SqlDataAdapter();
        Da.SelectCommand = Com;
        ds = new DataSet(tblName);
        Da.Fill(ds);// 填充数据表
    }
    catch (Exception ex)
    {
        Con.Close();
    }
    return ds;
}
#endregion
#region
/// <summary>
/// 执行 SQL 语句
/// </summary>
/// <param name= "cmdtxt" > 要执行的 SQL 语句 </param>
```

```
/// <returns></returns>
public bool ExceSQL(string cmdtxt)// 执行相应的 SQL 语句
{
  SqlCommand Com = new SqlCommand(cmdtxt, ExceCon());// 执行对应的 SQL 语句
    try
    {
      Com.ExecuteNonQuery();
      return true;
    }
    catch
    {
      return false;
    }
    finally
    {
      ExceCon().Close();
    }
}
#endregion
/// <summary>
/// 返回 SqlDataReader 数据类型
/// </summary>
/// <param name= "cmdtxt" > 要执行的 SQL 语句 </param>
/// <returns></returns>
public SqlDataReader ExceDr(string cmdtxt)// 返回 SqlDataReader 数据类型
{
    SqlCommand Com = new SqlCommand(cmdtxt, ExceCon());// 执行 SQL 语句
    SqlDataReader dr = Com.ExecuteReader();
    return dr;
}
}
```

```
// 以下为验证码生成代码
ublic class CheckCode
{
    public CheckCode()
    {
        //
        // TODO: 在此处添加构造函数逻辑
        //
    }
    public static void DrawImage()
    {
        CheckCode img = new CheckCode();
        HttpContext.Current.Session["CheckCode"] = img.RndNum(4);
        img.checkCodes(HttpContext.Current.Session["CheckCode"].ToString());
    }
    /// <summary>
    /// 生成验证图片
    /// </summary>
    /// <param name="checkCode"> 验证字符 </param>
    private void checkCodes(string checkCode)
    {
        int iwidth = (int)(checkCode.Length * 13);
        System.Drawing.Bitmap image = new System.Drawing.Bitmap(iwidth, 23);
        Graphics g = Graphics.FromImage(image);
        g.Clear(Color.White);
        // 定义颜色
        Color[] c = { Color.Black, Color.Red, Color.DarkBlue, Color.Green, Color.
Orange, Color.Brown, Color.DarkCyan, Color.Purple };
        // 定义字体
        string[] font = { "Verdana", "Microsoft Sans Serif ", "Comic Sans MS", "Arial",
" 宋体 " };
        Random rand = new Random();
        // 随机输出噪点
        for (int i = 0; i < 50; i++)
```

```
    {
        int x = rand.Next(image.Width);
        int y = rand.Next(image.Height);
        g.DrawRectangle(new Pen(Color.LightGray, 0), x, y, 1, 1);
    }

    // 输出不同字体和颜色的验证码字符
    for (int i = 0; i < checkCode.Length; i++)
    {
        int cindex = rand.Next(7);
        int findex = rand.Next(5);
        Font f = new System.Drawing.Font(font[findex], 10, System.Drawing.FontStyle.Bold);
        Brush b = new System.Drawing.SolidBrush(c[cindex]);
        int ii = 4;
        if ((i + 1) % 2 == 0)
        {
            ii = 2;
        }
        g.DrawString(checkCode.Substring(i, 1), f, b, 3 + (i * 12), ii);
    }
    // 画一个边框
    g.DrawRectangle(new Pen(Color.Black, 0), 0, 0, image.Width - 1, image.Height - 1);

    // 输出到浏览器
    System.IO.MemoryStream ms = new System.IO.MemoryStream();
    image.Save(ms, System.Drawing.Imaging.ImageFormat.Jpeg);
    HttpContext.Current.Response.ClearContent();
    //Response.ClearContent();
    HttpContext.Current.Response.ContentType = "image/Jpeg";
    HttpContext.Current.Response.BinaryWrite(ms.ToArray());
    g.Dispose();
    image.Dispose();
}
```

```
/// <summary>
/// 生成随机的字母
/// </summary>
/// <param name= "VcodeNum" > 生成字母的个数 </param>
/// <returns>string</returns>
private string RndNum(int VcodeNum)
{
    string Vchar = "0,1,2,3,4,5,6,7,8,9";
    string[] VcArray = Vchar.Split( ',' );
    string VNum = " "; // 由于字符串很短，就不用 StringBuilder 了
    int temp = -1; // 记录上次随机数值，尽量避免产生几个一样的随机数

    // 采用一个简单的算法以保证生成随机数的不同
    Random rand = new Random();
    for (int i = 1; i < VcodeNum + 1; i++)
    {
        if (temp != -1)
        {
            rand = new Random(i * temp * unchecked((int)DateTime.Now.Ticks));
        }
        int t = rand.Next(VcArray.Length);
        if (temp != -1 && temp == t)
        {
            return RndNum(VcodeNum);
        }
        temp = t;
        VNum += VcArray[t];
    }
    return VNum;
}
```

```
// 以下为管理员登录模块的核心代码：
protected void Button1_Click(object sender, EventArgs e)
    {
        if (TextBox3.Text == Convert.ToString(Session["CheckCode"]))// 判断用户输
入的验证码是否正确
        {
            ds = sqldata.ExceDS("select * from Regedit where userName=' " + TextBox1.
Text + " ' and  passWord=' " + TextBox2.Text + " ' and kind=' " + DropDownList1.Text
+ " ' ", "table");// 数据库中查找该管理员登录信息，看是否存在
            if (ds.Tables[0].Rows.Count > 0)// 有记录
            {// 判断不同的管理员级别，并登录到不同界面
                if (DropDownList1.Text == " 总管理员 ")
                {
                    Response.Redirect("adminWindows.aspx");
                }
                else if (DropDownList1.Text == " 审核订票管理员 ")
                {
                    Response.Redirect("shenheManagement/shenHeManagement.aspx");
                }
                else if (DropDownList1.Text == " 列车时刻设置管理员 ")
                    Response.Redirect("schedue/trainSchedue.aspx");
                else if (DropDownList1.Text == " 列车票价设置管理员 ")
                    Response.Redirect("chargeofticket/chargemanagement.aspx");

                TextBox1.Text = " ";
                TextBox2.Text = " ";
                TextBox3.Text = " ";
            }
            else
            {
                Response.Write(" 对不起，您的用户名、密码或使用权限不正确或没有
输入，请重新输入 <br>");
            }
```

```
        }
        else
        {
            //string s = Convert.ToString(Session["CheckCode"]);
                Response.Write(" 验证码输入有误 "); TextBox3.Text = " "; TextBox3.
Focus();
        }
    }
```

任务六　系统运行、测试和维护

10.6.1　系统运行

　　用户通过软件输入必要的信息，然后保存到数据库，所输入的信息是经过需求分析限定的内容，同时也是数据库中每个字段中存储的内容。火车订票系统软件会将所有需要浏览的数据显示在屏幕上，以便用户能够浏览到数据库中的数据或用户想要浏览范围中的数据。订票系统流程如图 10-17 所示。

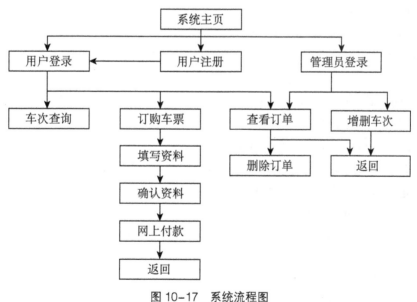

图 10-17　系统流程图

　　（1）出错信息
　　在设计订票系统软件时，应尽可能地考虑到所有的出错情况，并做出相应的恢复信息。无法预料的错误信息，应返回给用户一个特定的信息提示。

（2）补救措施

对于出错概率较大的地方，应结合用户需求做一些必要的限制，减少出错的可能。

（3）限制条件

限制必要的条件，以排除由于用户的误操作造成不必要的错误。

（4）保密设计

1）每个用户需要注册才能进入订票信息系统，并进行网上订票。用户必须用自己真实的身份进行注册。

2）系统要另外再备一份数据库，防止系统出现错误而使数据信息丢失的可能性。

3）系统要安装防火墙，防止黑客入侵破坏系统。还要安装杀毒软件，防止病毒入侵而导致系统瘫痪。

10.6.2 系统测试、维护

（1）可维护性

1）应用程序的维护

当用户使用订票系统软件时，遇到了软件本身的逻辑错误时，应当由软件的维护人员对软件进行修改。

2）数据库的维护

应当有特定的数据库维护人员对数据库进行及时的备份、管理等操作，以保证数据库的安全性。

（2）维护设计

系统设置提供管理员操作页面：

1）提供管理员密码，方便维护操作。

2）固定时间对系统进行维护和检测。

3）若系统出现瘫痪时，可出动备用系统维持运转。

4）定期对系统进行更新、整顿、清空。

（3）可转移、可转换性

asp 编程语言的兼容性很高，在 Windows 95/98、Windows NT、Windows 2000、Windows XP 等操作系统都可以直接运行。

（4）注释设计

尽可能地将软件中插入注释语句，使语句功能明了。制作客户端的 ASP 网页的时候应该制作两份，一份是标有注释语句的网页，用来给维护人员、测试人员和开发人员了解开发过程所用，另一份是不带有注释语句的网页，用于最后实际应用当中，这样可以充分地利用有限的带宽，降低客户端计算机打开网页的时间，提高客户端的浏览速度。

（5）测试计划

在软件编辑工作进行当中，测试人员便要开始制订测试计划，其中要包括白盒和黑盒的具体测试项目，及其必要的测试数据和出错的信息。每次测试的结果要写报告，并就发现和怀疑的问题与编辑人员联系。测试的结果要让编辑人员明白。

▶▶任务七　软件特点

（1）对客户端要求低：要求客户端能上网，订票操作十分简单。

（2）保密性好：因为客户在登录时需要账号、密码，有一定的保密性（需要申请账号），所以保密性能好。

（3）通用性：只要国内用户都可以使用。

（4）方便性：使广大用户避免了订票时的拥挤和时间浪费。

（5）可扩充性：本系统可根据不同用户的需要增加一些其他的功能。如春节、假日期间买票打折及临时增加列车，可以提供必要的信息来服务于广大用户。

▶▶小结

利用网络和数据库技术，结合目前硬件价格普遍下跌与宽带网大力建设的有利优势，我们基于 B/S 模式研究开发了火车网上订票这一 ASP 应用系统。本系统实现了真正的网上火车订票，满足广大用户随时随地预订火车票并迅速得到车票，同时也很大程度上减轻火车站售票人员的负担，避免了火车站混乱的局面，从而提高了火车站的工作效率。

参考文献

[1] 狄文辉 . 数据库原理与应用——SQL Server. 北京：清华大学出版社，2008

[2] 郑阿奇 . SQL Server 教程：从基础到应用 . 北京：机械工业出版社，2015

[3] 沐光雨，庞丽艳 . 数据库原理及 SQL Server. 北京：电子工业出版社，2014

[4] 胡大威，方鹏，裴浪 . SQL Server 2008 数据库管理与应用实例教程 . 北京：人民邮电出版社，2014

[5] 龚小勇，段利文，林婧，等 . 关系数据库与 SQL Server 2005. 北京：机械工业出版社，2009

[6] 陈佛敏，陈博 . SQL Server 2008 数据库应用教程 . 北京：科学出版社，2014

[7] 韩朝军 . SQL Server 管理与开发技术大全 . 北京：人民邮电出版社，2007

[8] 孙岩，于洪霞 . SQL Server 2008 数据库应用案例教程 . 北京：电子工业出版社，2014

[9] 赵丽辉 . SQL Server 2005 数据库技术与应用 . 北京：机械工业出版社，2012

[10] Solid Quality Learning. SQL Server 2005 从入门到精通 . 欧阳炜宸，文瑞，译 . 北京：清华大学出版社，2007

[11] 李雁翎 . 数据库技术及应用实践教程——SQL Server.4 版 . 北京：高等教育出版社，2014

[12] 左国才 . 基于任务驱动模式的 SQL Server 2005 数据库应用教程 . 西安：西安电子科技大学出版社，2015

[13] 吴维元，赵松涛 . SQL Server 2000 系统管理实录 . 北京：电子工业出版社，2006

[14] 邵顺增 . SQL Server 2005 项目实现教程 . 北京：北京大学出版社，2012

[15] 徐人凤，曾建华 . SQL Server 2005 数据库及应用 .3 版 . 北京：高等教育出版社，2013

[16] 崔占东，徐国智，汪孝宜 . SQL Server 数据库开发实例精粹 . 北京：电子工业出版社，2006

[17] 刘卫国，刘泽星 . SQL Server 2005 数据库应用技术 . 北京：人民邮电出版社，
2013

[18] 崔连和 . SQL Server 2008 数据库管理项目教程 . 北京：中国人民大学出版社，
2013

[19] 张浦生 . SQL Server 数据库应用技术 . 北京：清华大学出版社，2008

[20] 许健才 . SQL Server 2008 数据库项目案例教程 . 北京：电子工业出版社，2013

[21] 王亚楠 . SQL Server2005 数据库应用技术 . 北京：机械工业出版社，2010

[22] 郑诚 . SQL Server 数据库管理、开发与实践 . 北京：人民邮电出版社，2013

[23] 黄钊吉 . SQL Server 性能优化与管理的艺术 . 北京：机械工业出版社，2014